3

ESO

edebé

Biologia i Geologia

Bloc II: La Terra

El projecte de **Biologia i Geologia 3 ESO**

LA TERRA

Una proposta d'activitats inicials per a introduir l'alumnat en la matèria que s'incorpora al curs i actualitzar els coneixements previs.

LES UNITATS

Imatge inicial i text introductori relacionats amb el contingut de la unitat, i acompanyats d'un índex de continguts i una rutina de pensament.

DESENVOLUPAMENT DE LA UNITAT

Continguts presentats de manera atractiva, i alhora, de fàcil comprensió dividits en apartats i subapartats.

Recursos i activitats

Gran quantitat de recursos gràfics i textos complementaris com ara **experiments** i **biografies de científics**, així com **activitats** per a atendre la diversitat.

ANNEX GRÀFIC

Annex gràfic per a millorar i ampliar la comprensió d'alguns continguts.

EMPRENEM

Creativitat, iniciativa, treball en equip... en un projecte real.

AVALUACIÓ DE COMPETÈNCIES

Activitats que permeten valorar els coneixements i les competències adquirits, després de l'estudi d'un bloc de continguts.

edebé On

projecte global interactiu

Llibre digital interactiu

Incorpora els **recursos digitals** necessaris (vídeos, presentacions, activitats interactives, àudios, enllaços...) a fi que el professorat gestioni de manera eficaç l'aprenentatge a **l'aula digital.**

CIÈNCIA AL TEU ABAST

Conté un **Investiga,** per al treball de procediments, i la **cre@ctivitat.**

A CIÈNCIA AL TEU ABAST també podem trobar activitats d'Aprofundiment i de Visió 360°.

SÍNTESI I ACTIVITATS FINALS

Esquema per a completar i estructurar els continguts treballats en la unitat. Tres pàgines d'**Activitats finals** de tipologies diverses.

POSA A PROVA LES TEVES COMPETÈNCIES

Activitats integrades a partir de textos, gràfics i altres recursos, per a comprovar l'assimilació de les competències.

RUTINA DE PENSAMENT,
Per a aprendre a pensar.

ÀGORA
Un espai obert al diàleg i la reflexió.

PBL
Aprenentatge basat en problemes.

VISIÓ 360°
Experiències per a aprendre fora de l'aula.

CRE@CTIVITAT
Eines TIC per a cercar solucions creatives.

DESTRESES DE PENSAMENT
Per a un pensament crític i creatiu.

TÈCNIQUES COOPERATIVES
Per a millorar la responsabilitat individual i les relacions socials.

INTEL·LIGÈNCIES MÚLTIPLES
Perquè hi ha diferents maneres d'aprendre i ser intel·ligent.

Disponible en el teu espai personal: **www.edebe.com**

Multidispositiu

Quadern digital interactiu

Organitzat en **seqüències temàtiques** per a promoure l'**aprenentage autònom** per part de l'alumnat (sota la planificació i el control del docent) en **un format digital amigable** i intuïtiu.

Biblioteca de recursos digitals

Un **espai** fàcilment **accessible** on trobareu recursos per a consultar, descobrir i explorar el coneixement.

Índex

La Terra

La superfície de la Terra és la zona que habiten els éssers vius. L'atmosfera, la hidrosfera, la geosfera i la biosfera es troben en aquesta zona i interaccionen entre si, fet que dóna lloc a diferents paisatges i relleus.

La dinàmica interna de la Terra

1. Observa els següents esquemes del planeta Terra i identifica les diferents capes assenyalades segons la seva composició, a l'esquerra, o comportament, a la dreta:

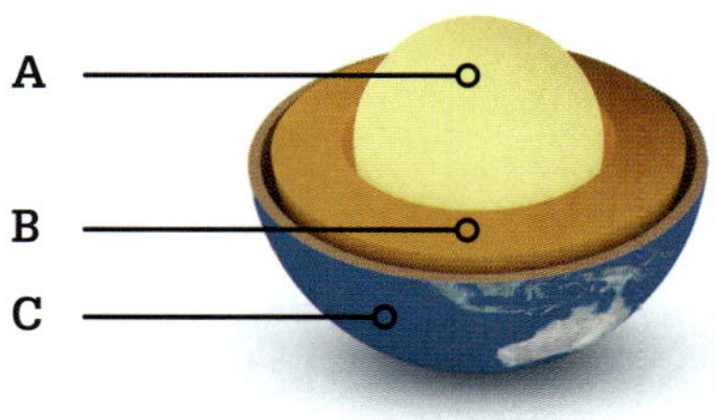

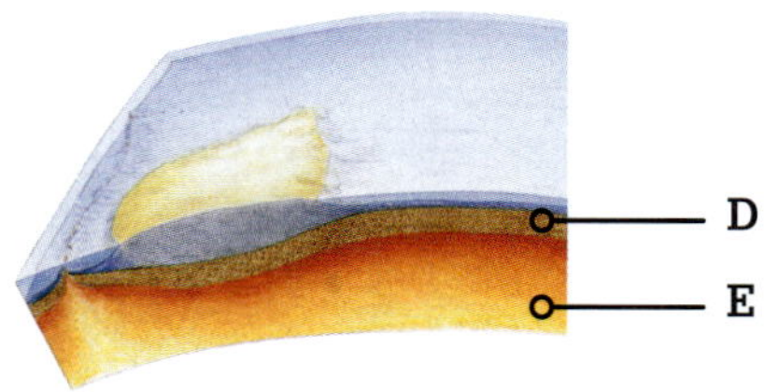

2. Identifica el límit de plaques que representa cadascun dels esquemes següents. Indica el moviment relatiu de cada placa i el tipus de placa que és.

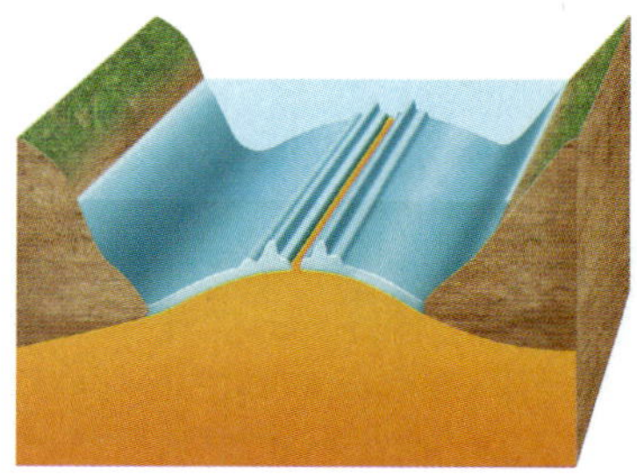

3. Observa les fotografies següents i identifica quina estructura de relleu mostren:

— Explica quin dels dos terrenys presenta materials més plàstics.

— Indica, a cada cas, quin sentit presentaven les forces que van rebre els materials.

4. Copia al teu quadern aquest esquema sobre les erupcions volcàniques i completa'l:

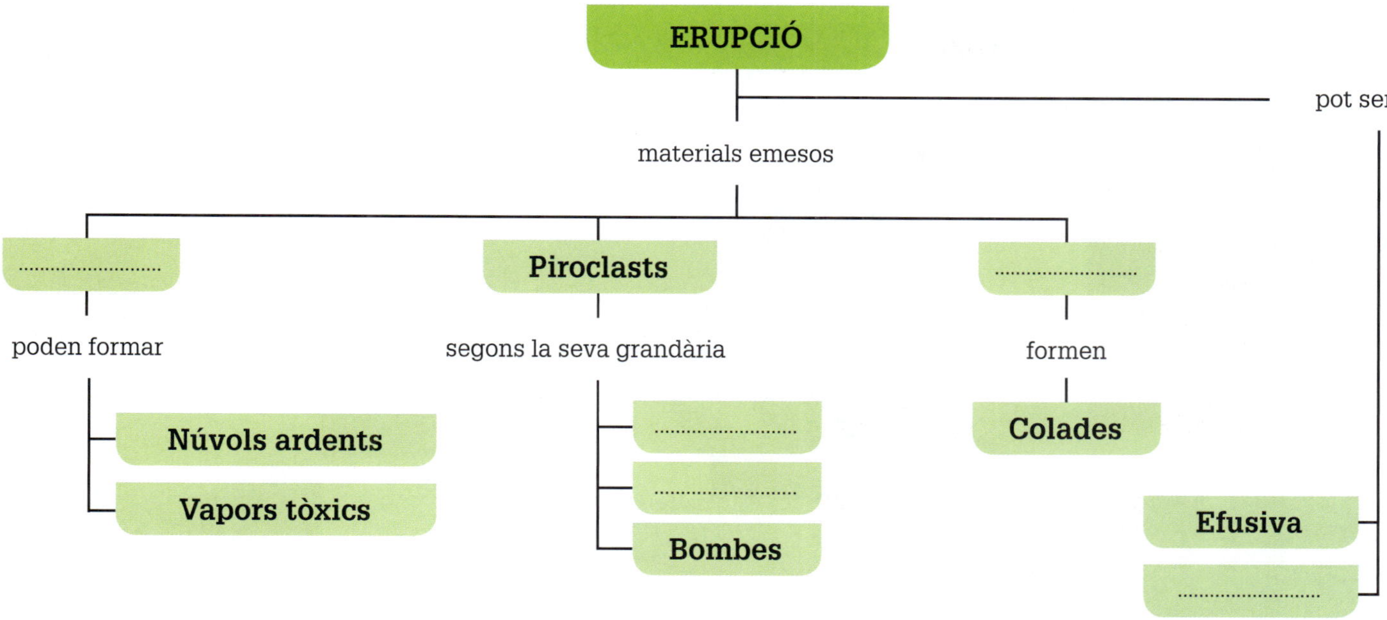

5. Relaciona les definicions següents amb el concepte al qual es refereixen:

El punt de la superfície terrestre situat a la vertical del lloc en què s'origina un sisme.

Moviment de roques que es propaga des del punt d'origen d'un sisme.

El punt de la litosfera en què s'origina un sisme.

- Hipocentre
- Epicentre
- Ona sísmica

La dinàmica externa de la Terra

6. Ordena els següents processos geològics externs segons l'ordre en què es produeixen:

transport - meteorització - sedimentació - erosió

7. Esmenta els diferents trams que podem distingir en un riu i identifica'ls amb la fotografia corresponent.

— Indica quin procés geològic extern predomina a cada tram.

8. Identifica les estructures de relleu que apareixen a les fotografies i indica quin és l'agent geològic causant de cadascuna.

9. Observa el mapa topogràfic i respon les preguntes següents:

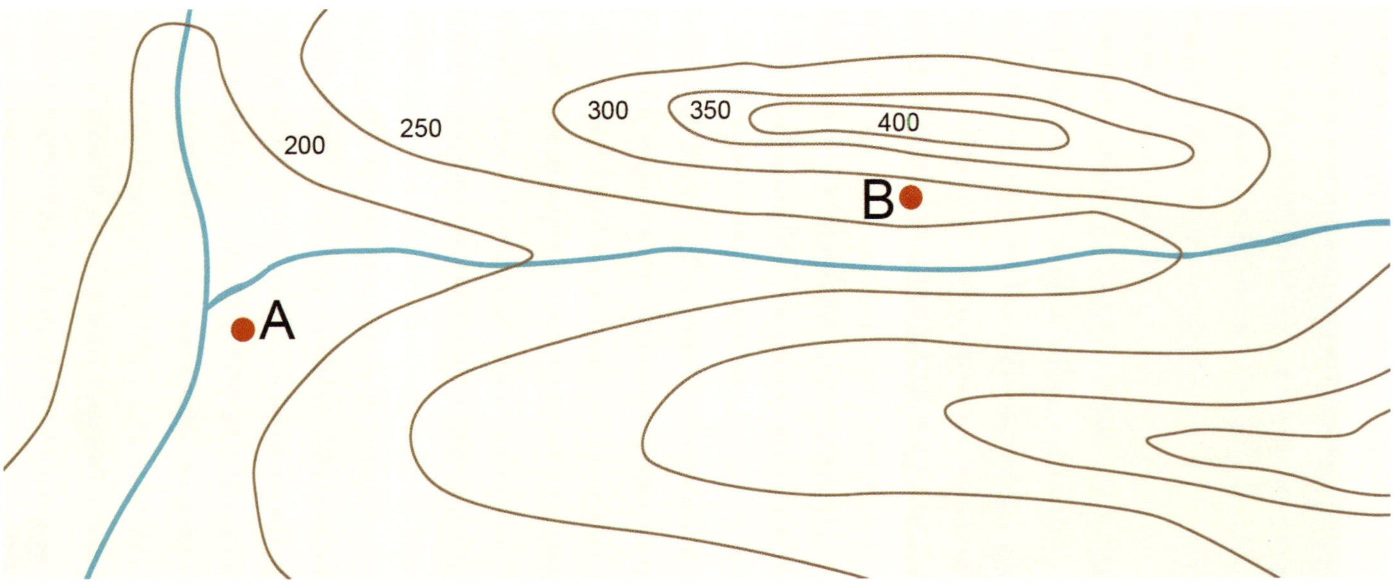

— Identifica la cota màxima i mínima.

— Indica el sentit en el qual flueix l'aigua del riu.

— A prop de quina població abunden els terrenys plans?

Els ecosistemes

Per a facilitar l'estudi dels ecosistemes, els biòlegs en distingeixen dues grans parts: el biòtop i la biocenosi. Segons aquestes parts, es diferencien molts tipus d'ecosistemes. Ara recordarem aquestes característiques amb l'ajuda d'un mapa mental.

El mapa mental permet organitzar amb facilitat els pensaments i representar-los de forma intuïtiva i clara.

Per a elaborar un mapa mental, s'han de seguir aquestes pautes:

1. El concepte que s'ha de treballar se situa al centre i representa la idea més important.
2. D'aquesta idea parteixen diverses branques, que representen els pensaments principals, de les quals parteixen al seu torn altres branques, que expressen els pensaments secundaris.

L'ús de colors, símbols, imatges, paraules... ajuda a destacar la relació entre les idees.

10. Seguint les pautes anteriors, completa un mapa mental com el següent. El concepte que s'ha de treballar és el dels ecosistemes.

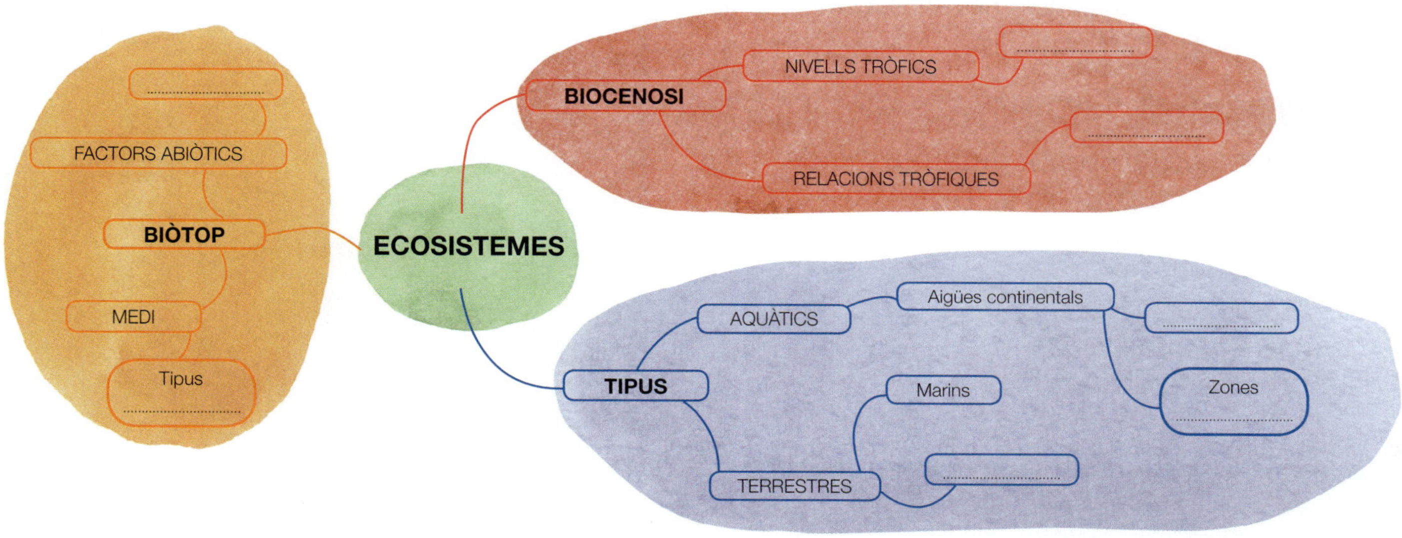

11. Observa aquest ecosistema i identifica quatre elements que podríem trobar al seu biòtop i quatre de la seva biocenosi:

— Elabora una cadena tròfica de tres baules d'aquest ecosistema.

12. Classifica els organismes següents d'aquesta xarxa tròfica segons siguin productors, consumidors primaris o consumidors secundaris:

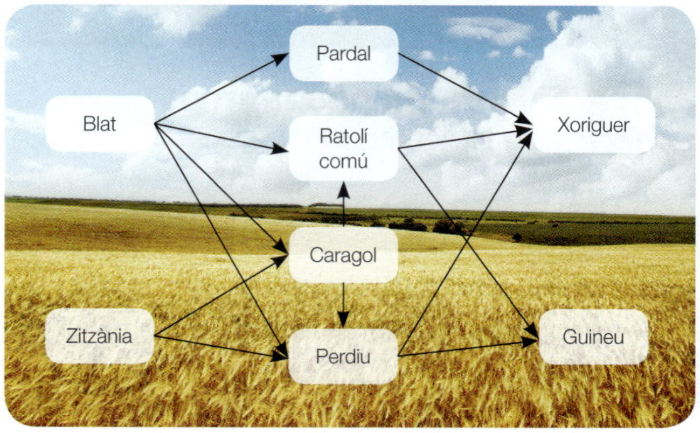

— Si es produeix una reducció de la població de perdius, quins organismes es veuran afectats? Raona la teva resposta.

7 La dinàmica interna de la Terra

La dinàmica interna de la Terra és la responsable d'un conjunt de fenòmens geològics de gran magnitud: des d'aquells a escala planetària, com el moviment dels continents, fins als d'efecte molt més local, com la formació de plecs i falles.

CONTINGUTS

1. La Terra, un sistema dinàmic
2. L'energia interna de la Terra
3. Manifestacions de la dinàmica interna
4. El risc geològic

Ciència al teu abast:
Tectònica de plaques

Rutina de pensament

VEIG-PENSO-EM PREGUNTO

— Observa amb atenció el vídeo següent sobre l'evolució dels continents:

http://links.edebe.com/iysa3t

— En una nota adhesiva respon aquestes preguntes:
- Què hi veig?
- Què penso sobre les imatges que observo?
- Quines preguntes em sorgeixen?

— Comenteu a classe les vostres respostes i exposeu-les en un lloc visible.

1. La Terra, un sistema dinàmic

Podríem pensar que el relleu del nostre planeta roman constant al llarg del temps. No obstant això, a escala geològica, que comporta períodes de milions d'anys, succeeix tot el contrari: els continents es mouen, les serralades s'eleven, el relleu de les muntanyes se suavitza...

La Terra és un sistema dinàmic, canviant, resultat de la interacció entre les forces geològiques externes i internes. Ara veurem com actuen aquestes forces, la dinàmica externa i la dinàmica interna, sobre l'escorça terrestre.

Dinàmica externa

En la superfície del nostre planeta, l'escorça terrestre està constantment sotmesa a l'acció modeladora de diferents agents com el vent, les glaceres, les aigües continentals o els mars, que tendeixen a desgastar les muntanyes i a emplenar les depressions amb els materials resultants de l'erosió.

Dinàmica interna

L'energia interna de la Terra es manifesta en forma de forces que constitueixen la **dinàmica interna.** Aquesta dinàmica genera moviments en el terreny que l'eleven o el declinen, i fins i tot n'alteren els materials tant físicament com en la seva composició química, tot produint nous materials.

Aquestes dues forces antagòniques, la dinàmica externa que modela el relleu i la interna que el genera, es troben en **equilibri dinàmic,** la qual cosa provoca que l'aspecte de l'escorça terrestre canviï constantment.

La dinàmica externa de la Terra tendeix a igualar el terreny.

La dinàmica interna crea muntanyes i depressions.

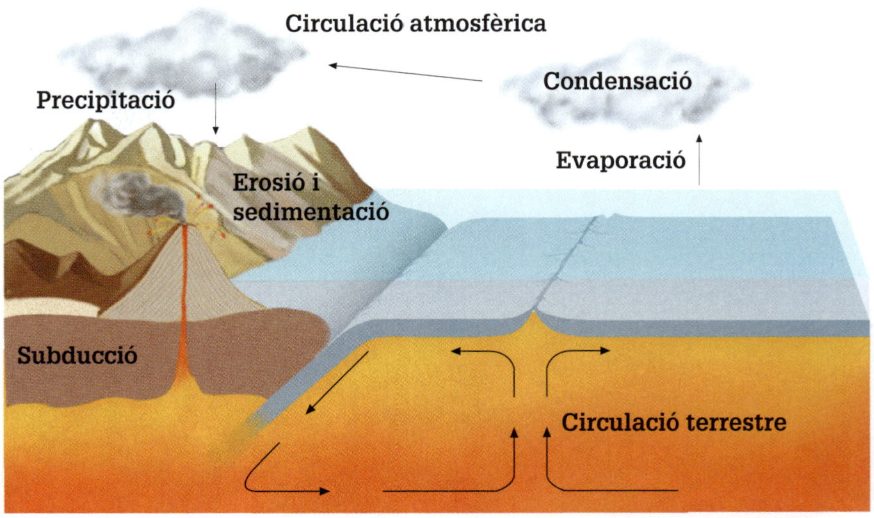

Activitats

1. Classifica aquests fenòmens naturals segons que siguin conseqüència de la dinàmica interna o de l'externa:

terratrèmol - erosió - erupció volcànica - huracà
formació d'una platja - formació d'una falla

2. Com es manifesta l'energia interna de la Terra?

3. Per què creus que es diu que existeix un equilibri entre la dinàmica interna i la dinàmica externa del planeta?

4. Què li passaria al relleu terrestre si només actués la geodinàmica externa?

2. L'energia interna de la Terra

L'energia interna de la Terra és la responsable dels processos associats a la dinàmica interna del planeta. Però, d'on procedeix aquesta energia?

Segons les teories actuals, l'energia interna de la Terra es deu a dues fonts:

- La **font primordial** prové de la calor generada en l'època de la formació del planeta. Fa uns 4 500 milions d'anys, grans quantitats de gas es van condensar i van formar partícules de pols. Aquestes van xocar entre si i van originar agregats de matèria que, en xocar i unir-se, van constituir els planetes com ara la Terra. Les contínues col·lisions van alliberar tanta quantitat d'energia que van escalfar els materials fins a fondre'ls.
- L'altra part de l'energia, anomenada **font secundària,** prové de la desintegració natural d'elements radioactius com l'urani. En desintegrar-se desprenen una gran quantitat d'energia que escalfa les roques que es troben al seu voltant fins a fondre-les.

2.1. L'estructura interna de la Terra

L'estructura de l'interior de la Terra es pot analitzar a partir de dos criteris: la *composició* i el *comportament mecànic* dels seus materials. Ara coneixerem les capes que es distingeixen segons cada criteri:

Corrents de convecció

Els corrents de convecció són el mecanisme pel qual la calor interna de la Terra arriba a la superfície.

Consisteix en un fenomen propi dels fluids que provoca que els materials més calents (més profunds) es dilatin i ascendeixin en disminuir-ne la densitat. En aproximar-se a la superfície, es refreden fent-se més densos i tornen a descendir completant un moviment cíclic.

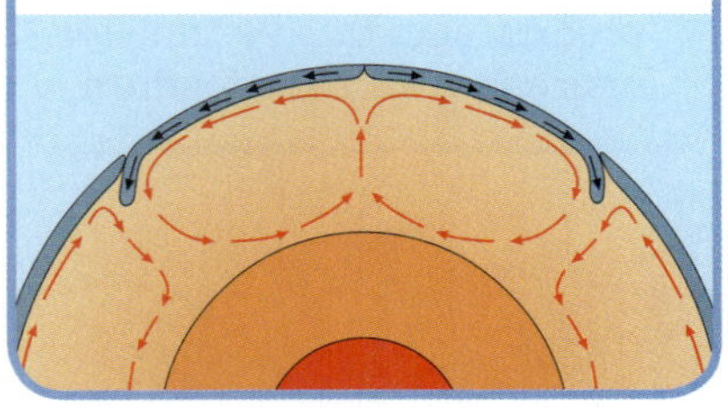

Segons la seva composició

- L'escorça és la capa més superficial. Té un gruix d'entre 10 i 70 km, és sòlida i està formada bàsicament de silici i alumini. La seva temperatura augmenta amb la profunditat fins que assoleix uns 600 °C.
- El mantell és la capa intermèdia, amb un gruix d'uns 2 900 km de mitjana. Està format sobretot per silici i magnesi. La seva temperatura oscil·la entre els 600 i els 2 500 °C.
- El nucli és la zona més interna del planeta, amb uns 3 500 km de gruix. Està compost de ferro en la seva major part i níquel en menor proporció. S'ha estimat la seva temperatura entre 2 500-6 600 °C.

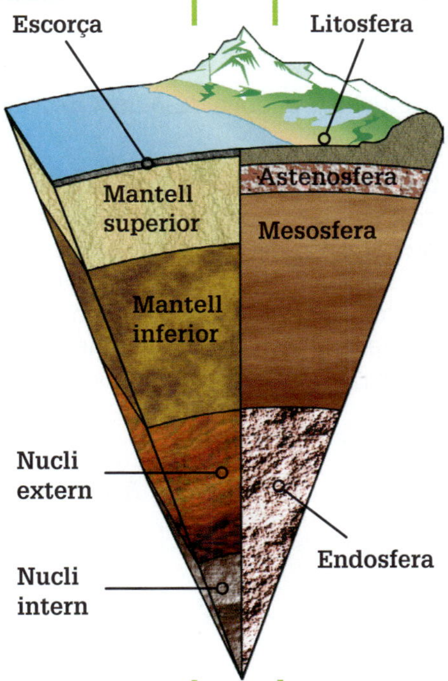

Segons el seu comportament

- La litosfera és la capa sòlida superficial de la Terra. N'hi ha de dos tipus:
  - La litosfera continental, amb un gruix d'uns 120 km, forma els continents.
  - La litosfera oceànica, de 65 km de mitjana, està situada sota els oceans.
- L'astenosfera és una capa fluïda (semifosa) d'uns 250 km de gruix formada per magma.
- La mesosfera és més densa que les capes anteriors a causa de les altes pressions pròpies d'aquestes profunditats.
- L'endosfera és la capa més profunda. S'hi distingeix una zona externa, que es manté fluïda, i una zona interna, sòlida, que assoleix els 6 378 km de profunditat.

Activitats

5. D'on prové la calor que procedeix de l'interior de la Terra?
   - Com es desplaça l'energia cap a la superfície terrestre?
6. Digues quines capes de la Terra o parts seves segons la seva composició constitueixen la litosfera, l'astenosfera i la mesosfera.
7. Quines capes de la Terra són fluïdes segons el seu comportament?

3. Manifestacions de la dinàmica interna

L'energia interna de la Terra genera tensions i moviments en els materials de la superfície terrestre que tenen conseqüències visibles en l'exterior. A més, les altíssimes temperatures que s'assoleixen en la litosfera i en la mesosfera provoquen canvis en les roques. Així, es poden diferenciar dos tipus de manifestacions de l'energia interna: els processos formadors de relleu i els formadors de roques endògenes.

En aquesta unitat estudiarem els **processos formadors de relleu,** que són:

- La tectònica de plaques.
- Les deformacions i fractures de les roques.
- El vulcanisme.
- La sismicitat.

Les roques endògenes

Són les roques que es formen en l'interior de la litosfera a causa de les altes pressions i temperatures que s'assoleixen. Es distingeixen dos tipus:

- Les magmàtiques o ígnies, que resulten de la solidificació del magma.
- Les metamòrfiques, que s'originen a partir de roques preexistents que es transformen sense arribar a fondre's.

3.1. La tectònica de plaques

El 1912, el geofísic alemany Alfred Wegener va donar una explicació a un fet observat des de feia temps per la comunitat científica: les costes d'Àfrica i d'Amèrica del Sud coincideixen gairebé perfectament. Estudiant els fòssils de tots dos costats de l'Atlàntic, Wegener va determinar que aquests eren idèntics en tots dos continents. Va enunciar aleshores la seva **teoria de la deriva continental,** en la qual proposava que els continents van estar units en el passat, s'havien separat feia uns 200 milions d'anys i encara ho estan fent ara.

En l'actualitat, la teoria de la deriva continental s'integra en la teoria de la tectònica de plaques.

La **teoria de la tectònica de plaques** explica com la dinàmica interna del planeta altera la litosfera. Postula que la litosfera està fragmentada en una sèrie de peces o **plaques** rígides situades sobre l'astenosfera. D'aquesta manera, la superfície terrestre s'assembla a un puzle dinàmic en el qual les plaques es creen i es destrueixen contínuament. Com a resultat, els continents es desplacen els uns respecte dels altres canviant, molt lentament, la fisonomia externa del planeta. En aquest mapa es pot observar la distribució de les principals plaques tectòniques.

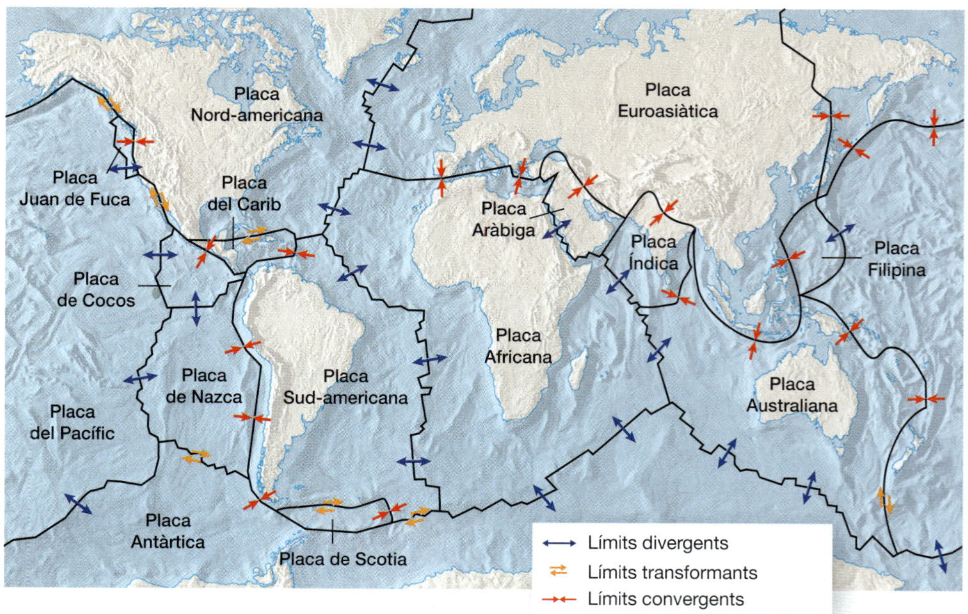

Si vols ampliar informació sobre les proves que sustenten la tectònica de plaques, pots consultar la pàgina web següent:

http://links.edebe.com/c7s

Alfred Wegener

Alfred Wegener (1880-1930), geofísic i meteoròleg alemany, és el pare de la teoria de la deriva continental, que no va ser acceptada fins a la dècada de 1950, quan es van poder recopilar evidències de la seva versemblança.

Evolució i contacte entre plaques

Els moviments del magma forcen les plaques a estar en continu moviment (es desplacen una mitjana d'uns 5 cm/any) obligant-les a elevar-se o enfonsar-se les unes respecte de les altres.

La manera en què les plaques litosfèriques interactuen depèn del seu moviment relatiu i de l'existència de litosfera oceànica o continental en els seus límits. Segons els geòlegs, els límits que es generen entre les plaques són **divergents, convergents** i **transformants.**

Límits divergents

Es produeixen quan el magma ascendeix fins a xocar amb una placa tot trencant-la i separant-la en dos fragments. En la zona en què les plaques se separen s'origina una gran esquerda anomenada **rift,** on s'origina una gran activitat volcànica que genera nova escorça oceànica. Aquest fet dóna lloc a serralades submarines anomenades **dorsals oceàniques.**

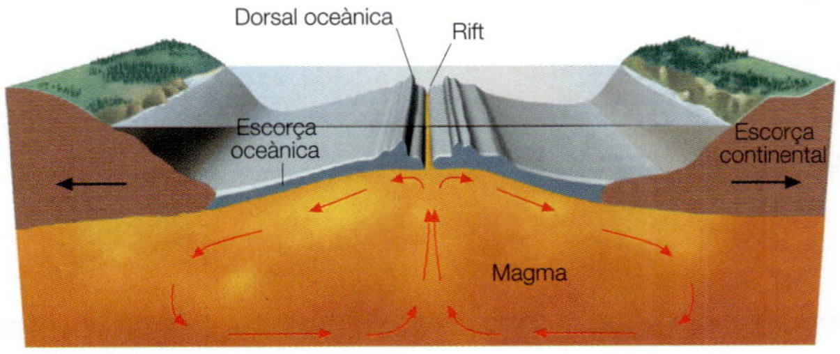

Límits transformants

Les plaques llisquen lateralment sense que una cobreixi l'altra. Provoquen la formació de grans falles, així com una intensa activitat sísmica i volcànica.

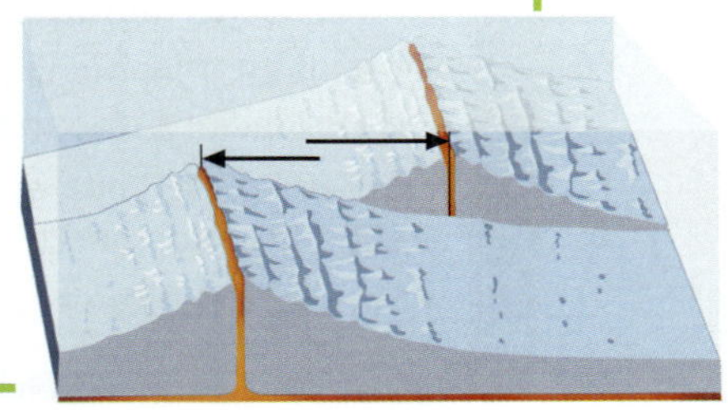

Límits convergents

Es produeixen quan dues plaques s'aproximen i xoquen l'una amb l'altra. En aquests casos, la litosfera continental sempre queda per sobre de l'oceànica. Es poden produir tres casos de convergència:

- Entre placa **oceànica i continental**

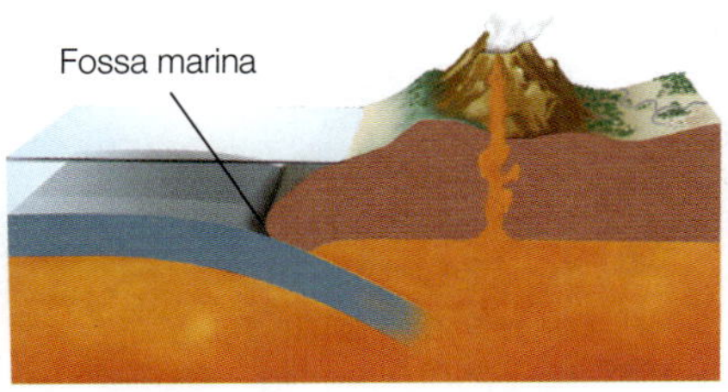

La placa oceànica s'enfonsa sota la continental en un procés **de subducció.** Es creen grans serralades amb activitat volcànica i profundes **fosses marines.**

- Entre **dues plaques continentals**

Les plaques es pleguen formant serralades intracontinentals. Aquest fenomen s'anomena **obducció.**

- Entre **dues plaques oceàniques**

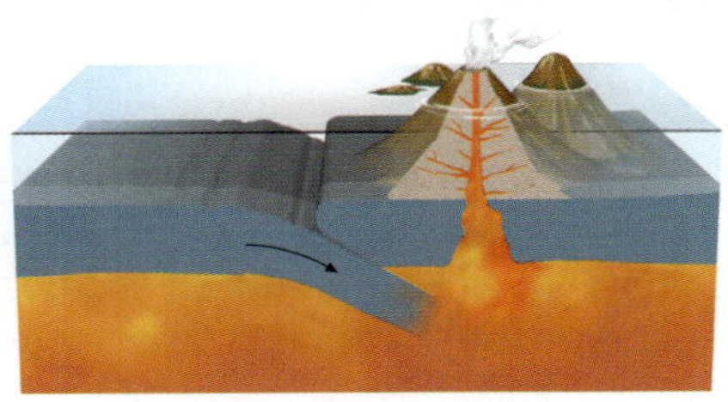

Una placa s'enfonsa sota l'altra (subducció) i es forma un arc d'illes volcàniques i una depressió molt profunda anomenada **fossa.**

Activitats

8. Què és una placa tectònica? Digues en quina placa es troba la península Ibèrica. I les illes Canàries?

9. Quins processos originen la nova escorça? Quins comporten una destrucció d'escorça?

10. Observa el mapa de les plaques litosfèriques i dedueix quin tipus de límit representen les fletxes grogues, les fletxes blaves i les fletxes vermelles. Quin tipus de contacte existeix entre la placa Africana i l'Eurasiàtica?

11. Observa el mapa de les plaques i digues els noms de:

- Dues plaques formades només per litosfera oceànica.
- Dues amb litosfera oceànica i litosfera continental.
- Un exemple per a cadascun dels tres casos de convergència entre plaques.

12. Investiga a què es deu que en un límit convergent la litosfera continental quedi situada per sobre de l'oceànica.

3.2. Deformacions i fractures

Els moviments de les plaques tectòniques generen grans forces sobre les roques que provoquen **deformacions** i **fractures** segons la naturalesa plàstica dels materials i la seva capacitat per a suportar els esforços sense fracturar-se.

Les deformacions

Es produeixen quan existeixen **esforços de compressió** i les roques afectades són plàstiques; és a dir, deformables. El resultat és la formació de **plecs.**

Afecten tot tipus de roques, però són especialment visibles en roques sedimentàries.

En **un plec** distingim:

- **Xarnera.** Línia imaginària que uneix els punts de cada estrat en els quals canvia la inclinació.
- **Pla axial.** Pla imaginari que divideix el plec en dues parts d'inclinacions oposades.
- **Eix del plec.** Línia en la qual el pla axial coincideix amb la superfície del terreny.
- **Flancs.** Laterals del plec.

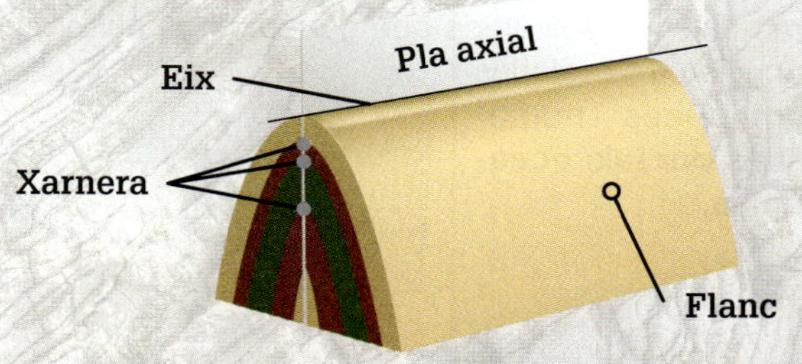

Les fractures

Quan les deformacions de les roques superen el seu límit de trencament, el material cedeix i es produeixen fractures. Existeixen dos tipus de fractures: les **falles** i les **diàclasis.**

Les falles

Són fractures en les quals els blocs es desplacen l'un respecte de l'altre. El moviment pot ser vertical, horitzontal o una combinació de tots dos. El trencament és brusc i quan es produeix va acompanyat de terratrèmols, més o menys intensos, depenent de la magnitud de la fractura i del desplaçament dels blocs.

En una falla es distingeixen els elements següents: el llavi elevat, el llavi enfonsat, el pla de falla i el salt de falla.

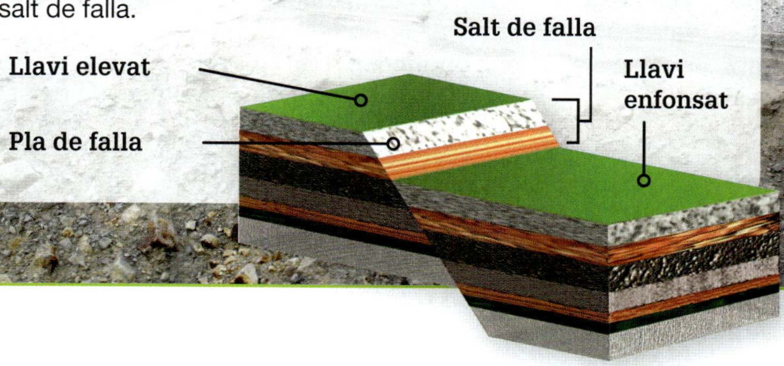

Les diàclasis

Són fractures de les roques que es caracteritzen perquè entre els blocs es produeix una separació o esquerda, però no hi ha desplaçament d'un bloc respecte de l'altre.

Activitats

13. Observa la il·lustració de la falla i defineix amb paraules teves: llavi elevat, pla de falla, salt de falla i llavi enfonsat.

14. Investiga sobre les falles. Dibuixa una falla normal, una d'inversa i una d'horitzontal o d'esquinçament, i senyala'n els elements. Pots consultar aquesta web:

http://links.edebe.com/733yfg

3.3. Vulcanisme

En determinades zones del mantell terrestre les roques foses o el **magma** ascendeixen cap a la superfície. Quan aquest magma i els gasos que l'acompanyen travessen l'escorça i arriben a la superfície, es produeix una **erupció.** El magma que apareix a la superfície durant una erupció s'anomena **lava.**

> Un **volcà** és una fissura en l'escorça terrestre sobre la qual s'acumulen materials procedents de l'interior de la Terra.

En un volcà podem diferenciar aquestes parts:

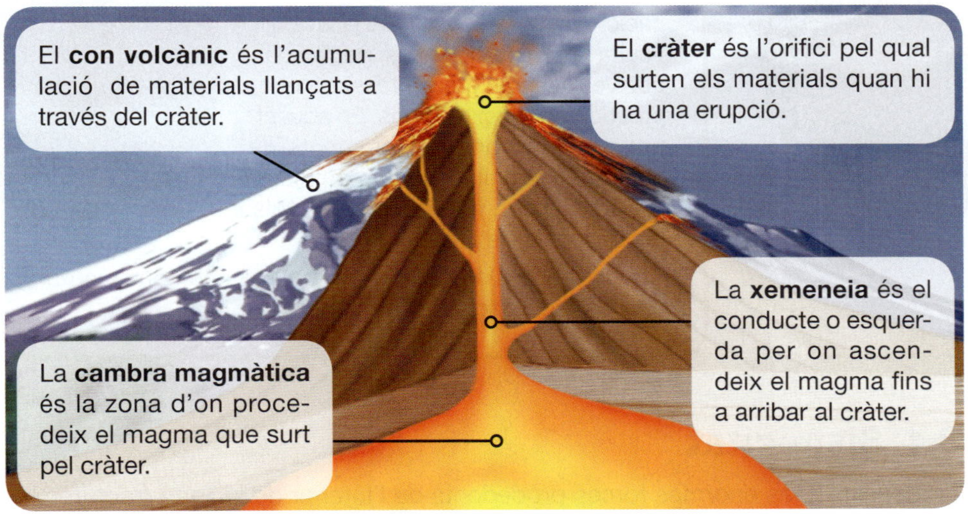

Activitat dels volcans

Segons la seva activitat, els volcans es classifiquen en tres categories:

- **Volcans actius.** Mostren activitat constant o l'han tingut en temps històrics recents.
- **Volcans dorments.** Fins i tot havent estat inactius durant molt temps, presenten signes que poden entrar en erupció en un futur.
- **Volcans extingits.** No presenten activitat ni es creu que en tornaran a tenir en el futur.

Materials volcànics

Durant una erupció volcànica, són expulsats a la superfície terrestre diferents tipus de materials procedents de l'interior de la Terra:

Gasos

Les principals emanacions són:

- **Núvols ardents** formats per gasos que s'inflamen en contacte amb l'oxigen atmosfèric.
- **Núvols tòxics** formats per gasos nocius com ara òxids de sofre.
- Altres gasos són el **vapor d'aigua,** el **nitrogen** i els **òxids de carboni.**

Piroclasts

Constitueixen els productes sòlids llançats pel cràter. Segons la mida es classifiquen en:

- **Cendres:** < de 2 mm de diàmetre.
- **Lapil·li:** entre 2 mm i 5 cm de diàmetre; és porós i lleuger.
- **Bombes:** > de 5 cm de diàmetre.

Lava

És un material de naturalesa **fluïda** que surt a una temperatura d'entre 700 i 1 300 °C. Posteriorment es refreda fins que es petrifica.

Quan la massa de roca fosa és poc densa, es formen autèntics rius de lava anomenats **colades.**

Activitats

15. Confecciona un esquema en el qual apareguin representades les diferents parts d'un volcà.

16. Les cendres d'un volcà, són restes de matèria orgànica cremada? Justifica la resposta.

Tipus d'erupció

Segons la viscositat del magma i de la quantitat de gasos que s'expulsa a l'exterior, les erupcions poden ser **efusives** o **explosives.**

Erupcions efusives

Durant l'erupció es produeix una emissió pausada de lava i gasos i no hi ha explosions. Són erupcions en les quals la lava és molt fluïda, i en solidificar-se s'origina basalt. En aquests casos, la lava s'expandeix formant masses que es desplacen, les colades, que poden arribar a zones molt allunyades del cràter. Les erupcions efusives generen volcans extensos i de poca inclinació.

Erupcions explosives

Es tracta d'una erupció que causa nombroses explosions, amb sortida violenta de gasos i piroclasts. Es produeixen quan la lava és viscosa i de ràpida solidificació. La gran viscositat de la lava dificulta la sortida de gasos, per la qual cosa es generen grans pressions que provocaran les explosions. En aquest tipus d'erupcions els fragments de lava poden ser llançats a gran distància; també són freqüents els núvols incandescents de gasos.

Aquest tipus d'erupcions genera volcans cònics amb una gran inclinació dels vessants.

3.4. Sismicitat

En ocasions, les enormes forces procedents de l'interior de la Terra fracturen les roques que formen la litosfera terrestre i es produeixen moviments bruscs.

Un **terratrèmol** o **sisme** és la vibració ocasionada per la fractura o el moviment brusc de la litosfera terrestre que es transmet en forma d'ones en totes les direccions.

S'estima que es produeixen uns 500 000 terratrèmols detectables al món cada any, tot i que tan sols un centenar causen algun dany.

Per a mesurar els terratrèmols s'utilitzen dos paràmetres diferents: la **intensitat** i la **magnitud.**

- **Intensitat:** Avalua subjectivament els danys causats pel terratrèmol. Utilitza l'**escala de Mercalli,** que està organitzada en 12 nivells. La inferior correspon a sismes que només són detectats pel sismògraf, i l'últim, a terratrèmols que comportarien la destrucció total del paisatge.
- **Magnitud:** Indica la quantitat d'energia alliberada durant el sisme i es calcula a partir de les dades recollides pels sismògrafs. Utilitza l'**escala de Richter,** que no té límit superior. El terratrèmol de més magnitud mai registrat es va produir a Xile l'any 1960.

El sismògraf

És l'instrument que permet detectar i registrar qualsevol vibració del terreny.

Els sismògrafs estan fermament ancorats a la terra de manera que quan aquesta es mou durant un sisme, un mecanisme penjant dibuixa traços sobre un paper, pel·lícula o sensor digital. El resultat és un **sismograma,** el patró del qual permet als científics determinar on es va originar, quant va durar i quanta energia es va alliberar en el terratrèmol.

Activitats

17. Quin tipus d'erupcions et semblen més perilloses per a la població: les efusives o les explosives? Justifica la resposta.

18. Enumera les escales que s'utilitzen per a mesurar els terratrèmols i indica en què s'assemblen i en què es diferencien.

Desenvolupament d'un sisme

Per a estudiar els terratrèmols es defineixen l'hipocentre i l'epicentre.

L'hipocentre o **focus sísmic** és el lloc on es produeix el moviment inicial en l'interior de la Terra.

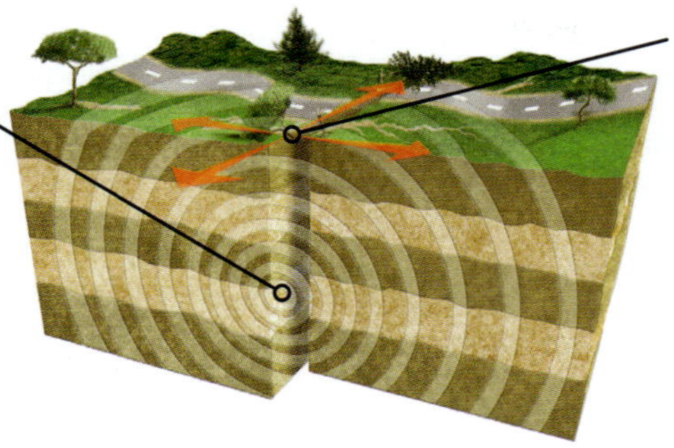

L'epicentre és el punt de la superfície que es troba sobre l'hipocentre. És la zona en què es produeix el tremolor en primer lloc i amb més intensitat.

En produir-se un terratrèmol, es formen tres tipus d'ones sísmiques que viatgen ràpidament en totes les direccions:

- Les **ones primàries** o **ones P.** Són les més ràpides i, per tant, les primeres a ser detectades pels sismògrafs. Viatgen a través de mitjans líquids i sòlids. La vibració dels materials es produeix en la mateixa direcció que la de la propagació de les ones comprimint i expandint les roques.
- Les **ones secundàries** o **ones S.** En moure's més lentament que les P, són detectades més tard. Aquestes ones només es transmeten a través de materials sòlids. La vibració es produeix perpendicularment en la direcció de la propagació de les ones. L'efecte resultant és que sacsegen els materials.
- Les **ones superficials.** Són les més lentes de totes, però les més destructives. Es transmeten de forma circular i desplacen les roques en sentit vertical alhora que en sentit transversal en la direcció de propagació de l'ona.

D'altra banda, no tots els materials condueixen les vibracions amb la mateixa facilitat i existeixen configuracions del terreny que poden augmentar l'amplitud de les ones sísmiques. Per exemple, si les ones passen d'un terreny de roca dura a un altre argilenc i poc compacte, les ones s'amplifiquen i el seu efecte destructor augmenta.

Els tsunamis

Quan un sisme s'origina al mar, pot produir-se la generació d'una gran ona o ***tsunami*** que es desplaça en totes les direccions des de l'epicentre.

Aquestes grans ones són molt destructives quan xoquen contra la costa i acostumen a provocar molts danys materials i víctimes si impacten en zones poblades, tal com va succeir en *el tsunami* del Japó l'any 2011.

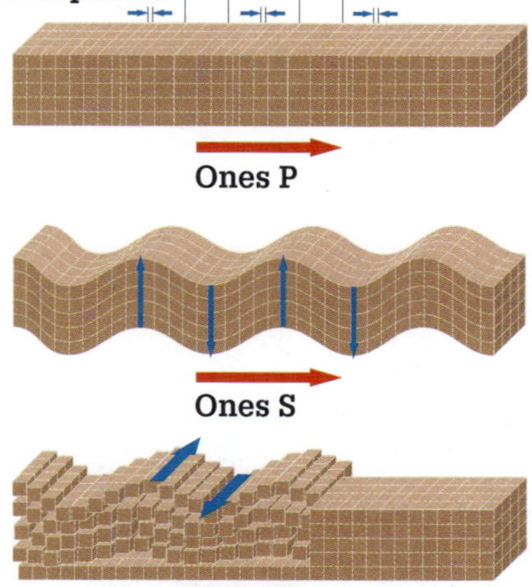

Experimenta

Ones sísmiques

Podem simular el comportament de les diferents ones sísmiques mitjançant un experiment molt simple. Només es necessita una molla ampla i un cordill:

— Si comprimim la molla longitudinalment, simularem les **ones P.**

— Si s'agita el cordill verticalment, simularem les **ones S.**

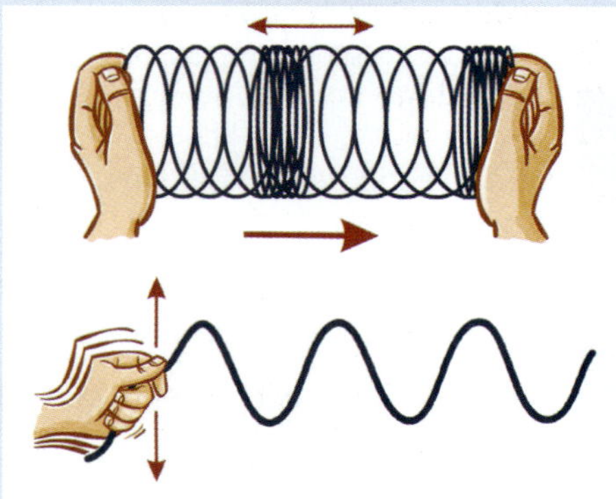

Activitats

19. Per què s'originen els terratrèmols?

20. Què és l'epicentre d'un terratrèmol? I l'hipocentre? Dibuixa un esquema de tots dos conceptes.

21. Què són les ones sísmiques? Quins tipus existeixen? Compara el comportament dels diferents tipus d'ones.

4. El risc geològic

Des de l'Antiguitat, determinats fenòmens geològics han provocat danys a les persones i els recursos naturals que les sustenten. La probabilitat que aquests danys es produeixin en un lloc determinat és el risc geològic.

En aquest apartat, estudiarem el risc geològic associat als processos geològics interns, que són el risc volcànic i el risc sísmic.

Distribució de volcans

L'activitat volcànica està distribuïda per tota la Terra, però tendeix a concentrar-se en zones específiques.

Distribució dels volcans

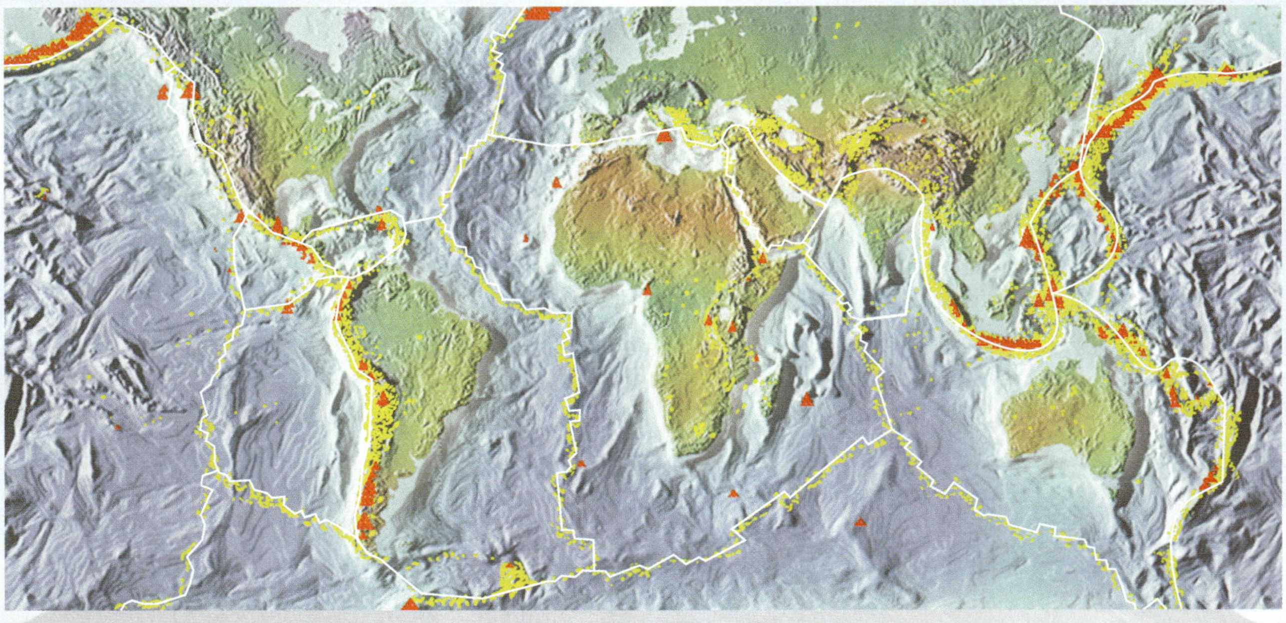

Distribució mundial dels volcans (en vermell, els volcans actius).

La majoria dels volcans es forma al llarg dels marges de les plaques tectòniques, principalment en les àrees següents:

- En les zones de divergència entre plaques (dorsals oceàniques i rifts). La major part dels volcans són submarins perquè els límits de placa divergents acostumen a situar-se en la litosfera oceànica.
- En els límits convergents que presenten zones de subducció, com ara la serralada dels Andes.
- Al llarg del límit entre dues plaques oceàniques, originant arcs insulars o arcs d'illes volcàniques. És el cas de les illes del Japó.
- En algunes vores entre plaques, al llarg de milers de quilòmetres formant els cinturons de foc.

En algunes ocasions els volcans es produeixen lluny dels límits de placa, en els anomenats **punts calents.** Són zones de la litosfera en les quals ascendeixen bosses de magma des de l'astenosfera i que acaben aflorant a la superfície. Alguns exemples de volcans formats per punts calents són els de Hawaii o les formacions de Yellowstone.

Distribució de terratrèmols

Tal com passa amb la distribució de volcans, els terratrèmols també tendeixen a concentrar-se en determinades zones de la Terra.

Distribució dels terratrèmols

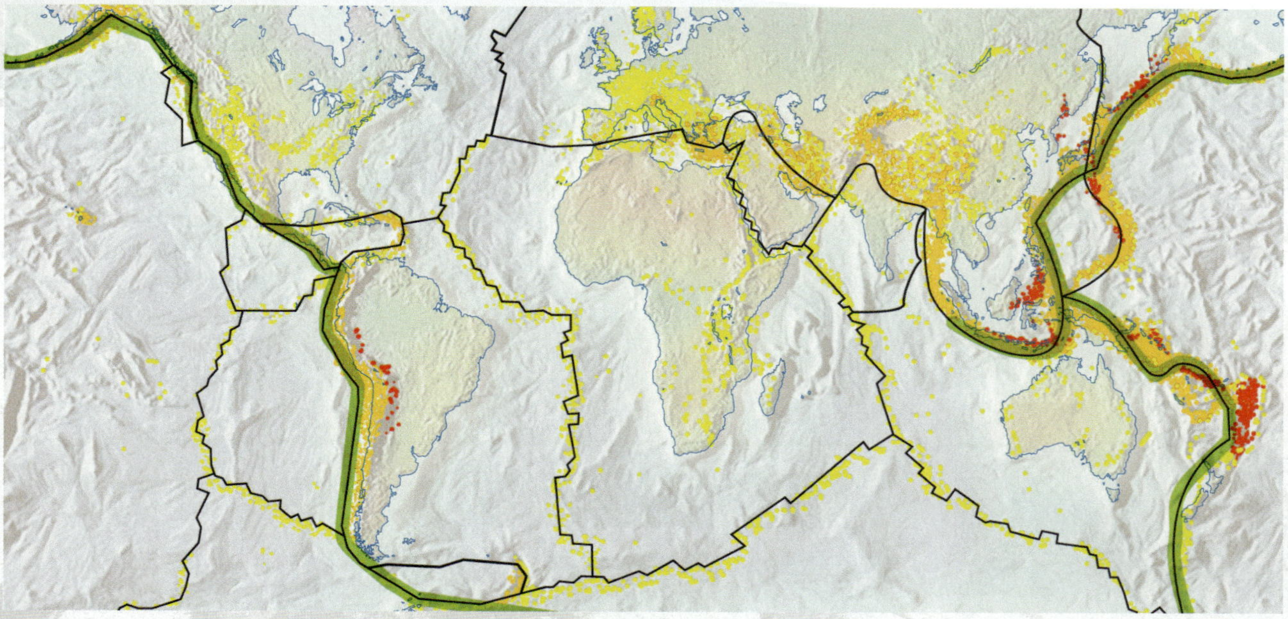

Distribució mundial dels terratrèmols. En groc, els terratrèmols superficials; en blau i vermell, els profunds; en verd, el Cinturó Sísmic del Pacífic.

Una gran part dels terratrèmols es forma al llarg de les falles, generalment en aquestes situacions:

- Fractura d'una porció d'una placa en interaccionar amb una altra.
- Col·lisió entre plaques: en les zones on es produeix subducció o obducció (els Andes i l'Himàlaia, respectivament).
- Divergència entre plaques, com en les dorsals oceàniques i els rifts, especialment en les falles transformants (Falla de San Andrés).
- Al llarg dels **cinturons sísmics,** com en el cas del **Cinturó Sísmic del Pacífic,** que acumula el 80 % dels terratrèmols del planeta.

També s'originen terratrèmols en l'interior de les plaques tectòniques quan en una zona concreta s'acumula molta tensió, de manera que la litosfera s'estira o es comprimeix fins a fracturar-la. Aquests sismes s'anomenen **terratrèmols intraplaca.**

Activitats

22. Fixa't en el mapa dels volcans. Què signifiquen els triangles vermells? I els puntets grocs?

23. Formeu petits grups i busqueu informació sobre el Cinturó de Foc del Pacífic. Sobre un mapa dibuixeu les àrees que abasta i descriviu el tipus de contacte entre plaques que el genera.

24. Explica els casos en els quals els terratrèmols i els volcans no estan associats als límits de placa.

25. Compara la distribució mundial dels terratrèmols amb la dels volcans. En quines zones coincideixen i en quines no?

Àgora

Quan un territori és assolat per un terratrèmol, el primer desafiament és salvar les possibles víctimes que puguin estar sepultades sota les runes. Rescatar-les amb vida és una lluita contrarellotge en la qual participen cossos especialitzats de bombers.

— Per què creus que en els països més pobres els efectes dels terratrèmols són més greus i ocasionen més víctimes que en els països més desenvolupats?

— En aquestes situacions de crisi humanitària, la funció del voluntariat és molt important. En grups reduïts, enumereu les diferents tasques que poden dur a terme els voluntaris.

@ Per tal de saber quins han estat els darrers seïsmes detectats a Catalunya, pots consultar el web de l'Institut Cartogràfic i Geològic de Catalunya: **http://links.edebe.com/h37t**

4.1. Vulcanisme i sismicitat a Espanya

Tot i que Espanya es troba en una regió del planeta en la qual no ocorren terratrèmols intensos ni erupcions volcàniques amb gaire freqüència, existeixen diverses zones amb mostres de vulcanisme recent i zones amb risc elevat de patir sismes. Vegem quines són.

Zones volcàniques

A Catalunya, la zona volcànica més important és l'àrea de la Garrotxa, actualment sense signes de vulcanisme actiu. Destaquen els volcans Sta. Margarida i Croscat.

A l'Estat espanyol, l'única zona amb activitat volcànica a l'actualitat se situa a les illes Canàries. A la península ibèrica també existeixen altres àrees volcàniques sense signes de vulcanisme actiu.

Risc sísmic

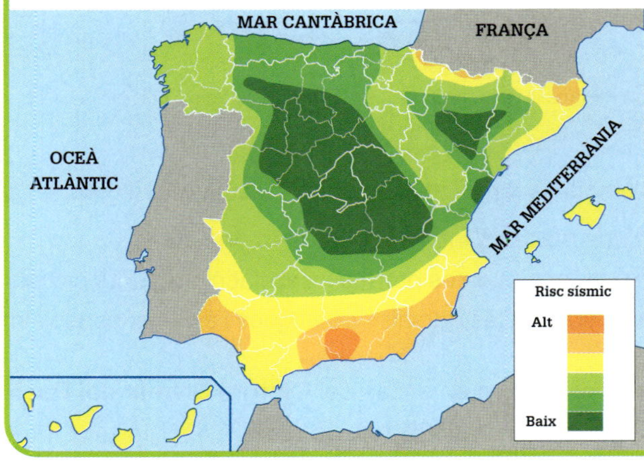

L'àrea amb més risc sísmic de Catalunya és la **zona pirinenca,** sobretot l'extrem oriental de la serralada.

Si tenim en compte el conjunt de la península, cal remarcar l'entorn de la **serralada Bètica,** situada al sud.

Manifestacions volcàniques recents	Terratrèmols recents
Erupció submarina a l'illa d'El Hierro el 2011.	Febrer de 2015, Ossa de Montiel (Albacete): sisme de 5,2 graus Richter. Desallotjament d'edificis públics.
Erupció al volcà Teneguía, a l'illa de la Palma l'any 1971.	Maig de 2011, Lorca (Múrcia): sisme de 5,1 graus Richter. Nou víctimes mortals.
Erupció a Timanfaya, a Lanzarote els anys 1730 i 1824.	Febrer de 1969, cap San Vicente: sisme de 7,8 graus Richter. Van morir 7 persones.

Activitats

26. Observa el mapa de risc sísmic i determina el nivell de risc de la població en la qual habites.

27. Busca informació sobre una de les àrees volcàniques inactives de la península i descriu-ne breument el tipus d'estructures volcàniques que encara s'hi conserven.

4.2. Previsió i prevenció dels riscos

Els avenços aconseguits en la comprensió dels fenòmens geològics han permès desenvolupar mecanismes per a atenuar els efectes perjudicials que ocasionen i evitar tant la pèrdua de vides humanes com els danys econòmics que provoquen.

Les accions que es duen a terme des de les Administracions i a nivell particular per a prevenir els possibles danys ocasionats per aquest tipus de fenòmens s'engloben en dues grans categories: la previsió i la prevenció.

- La **previsió** dels riscos geològics es basa en la identificació de les zones de risc associades a fenòmens volcànics o sísmics, i l'estimació de la seva probabilitat en el temps; és a dir, de la temporalitat amb què es repeteix un determinat accident geològic. Per a avaluar aquestes mesures s'analitzen tots els elements que poden causar un accident geològic, com ara la presència de falles, els punts calents, els accidents del relleu, el tipus de terreny i els riscos induïts per l'ésser humà.
  Els mapes de risc permeten definir el risc potencial d'un territori d'estar afectat per un fenomen geològic.
- La **prevenció** de riscos geològics d'origen intern consisteix en l'adopció de mesures adreçades a atenuar l'impacte d'aquests fenòmens geològics. Una de les més importants és educar la població perquè sàpiga reaccionar davant els terratrèmols i les erupcions. Vegem altres mesures preventives.

Dur a terme de manera periòdica plans i simulacres d'evacuació en escoles, hospitals...

En cas d'emergència, mantenir la calma i seguir les ordres dels cossos de seguretat.

En les zones de risc, construir amb mesures antisísmiques que atenuen els efectes de les vibracions sobre els edificis.

Durant un sisme, no sortir de l'edifici, cobrir-se el cap i situar-se en un lloc segur. En finalitzar, no utilitzar l'ascensor per a abandonar l'edifici.

Durant una erupció volcànica, utilitzar màniga llarga i pantalons llargs. Utilitzar un mocador mullat per a protegir la cara.

Si ens sorprèn a casa una erupció volcanica, tancar portes i finestres per a evitar l'entrada de cendres.

Activitats

28. Quins factors poden influir en el fet que un terratrèmol d'una determinada magnitud causi danys molt diferents segons el país o la zona que afecta?

29. De les mesures preventives que apareixen en les il·lustracions, quines es poden aplicar en cas de terratrèmols? I en el cas d'una erupció volcànica?

CIÈNCIA AL TEU ABAST: Tectònica de plaques

INVESTIGA: Simulació d'un ritf

Material

- Midó de blat de moro
- Farina
- Sorra fina
- Tisores
- Aigua
- Ampolles de plàstic llises i grans

Introducció

En aquest experiment, simularem què passa en l'escorça terrestre quan el magma surt a la superfície en els límits divergents de les plaques. En la zona en la qual se separen les plaques es crea una fissura anomenada rift.

En aquest cas, les plaques s'estiren com una goma elàstica tibada. Aquesta tensió dóna lloc a l'enfonsament de l'escorça terrestre en la zona de fractura.

Procediment

— Agafa l'ampolla de plàstic i retalla'n el coll perquè quedi un cilindre. Com més llisa sigui l'ampolla, millor.

— Talla longitudinalment en dues parts el tros d'ampolla que t'ha quedat.

— Encaixa les dues parts de l'ampolla en la zona on hi havia el coll i mantén-les unides en els següents passos de l'experiment.

— Aboca dins del recipient una capa de sorra i humiteja-la esquitxant-la lleugerament amb aigua.

— Aboca una capa de farina damunt de la capa de sorra i humiteja-la també.

— Finalment, col·loca una capa de midó de blat de moro i humiteja-la de manera que els materials no sobresurtin del recipient.

— Espera una estona que s'assequin les capes (entre tres quarts d'hora i una hora).

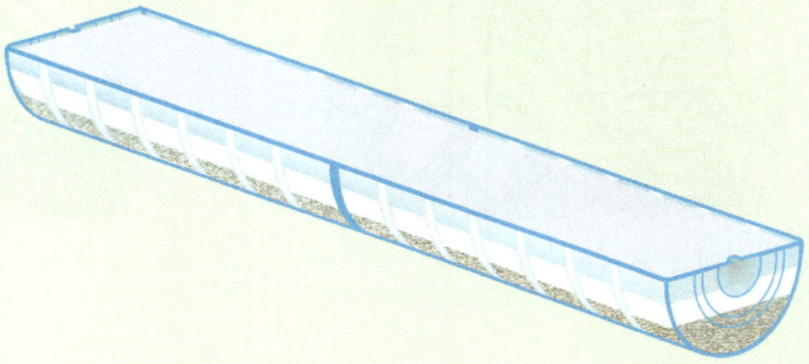

— Separa uns centímetres les dues parts de l'ampolla fent un moviment brusc i fixa't en el que succeeix.

- Pots repetir el procediment anterior i simular un sisme si empenys bruscament les dues parts de l'ampolla.

Activitats

a. **Confecciona un esquema en el teu quadern que representi un tall geològic dels rifts que has format.**

b. **Per què creus que s'han format graons en les capes en separar les dues parts de l'ampolla? Penses que les plaques tectòniques són elàstiques?**

c. **Si considerem que les dues parts de l'ampolla són plaques tectòniques, quin tipus de límit s'ha generat entre elles en separar-les?**

d. **Què creus que succeirà en el cas que empenyis bruscament les dues parts de l'ampolla?**

e. **Com pots modificar l'experiment per tal de simular la formació d'un plec?**

APROFUNDEIX

La Gran Vall del Rift

Quan l'ascensió del magma des de l'astenosfera es produeix sota la litosfera continental, aquesta es fractura i es crea una fissura en forma de vall. Al llarg de milions d'anys, si la fissura va creixent, el fons de la vall pot ser ocupat per llacs o fins i tot mars. Un dels millors exemples d'un rift continental és la Gran Vall del Rift africana: una fissura d'uns 4 830 km de longitud, que va començar a formar-se al sud-est d'Àfrica fa uns 30 milions d'anys i que en l'actualitat segueix creixent. S'espera que d'aquí a 10 milions d'anys la vall quedarà inundada per l'oceà Índic, tot separant Àfrica en dos continents diferents.

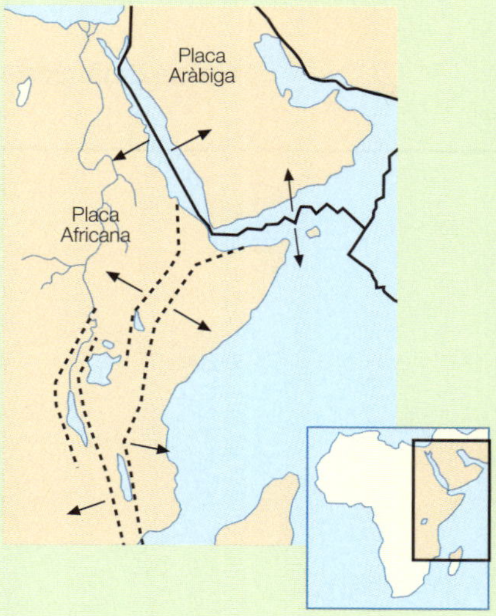

a. **Quin tipus de contactes entre plaques originen un rift?**

b. **Es podria generar un procés de subducció en la zona de la Gran Vall del Rift? Per què?**

c. **Valora si la Gran Vall del Rift africana serà una zona d'elevada activitat sísmica i volcànica. Quin és el volcà més elevat de la zona?**

d. **Investiga per què a la zona de la Gran Vall del Rift es troben els llacs més grans d'Àfrica.**

Visió 360°: Atenció, el sòl es mou!

Ja hem estudiat que al nostre país poden tenir lloc terratrèmols, tot i que no són freqüents i quan succeeixen no són d'una magnitud elevada. Així i tot, és recomanable que la població estigui preparada per a actuar serenament si en percep un.

Has notat alguna vegada que el sòl es mogués a causa d'un terratrèmol? Si la resposta és afirmativa, què vas notar? Què vas fer en aquell moment per a protegir-te? Si mai no has viscut una experiència d'aquest tipus, com creus que actuaries si notessis un terratrèmol?

— Busca informació sobre quin és el procediment que has de seguir quan es percep un terratrèmol en les següents webs i revisa les teves respostes anteriors:

http://links.edebe.com/terrcat
http://links.edebe.com/terrcat2

Cre@ctivitat: Edició d'àudio

Al llarg de la història, hi ha hagut terratrèmols devastadors que han produït danys irreparables i milers de morts. En aquesta activitat, us heu de posar en la pell d'un periodista i enregistrar una notícia sobre alguna d'aquestes catàstrofes. Per a fer-ho, heu de cercar informació sobre els moviments sísmics més assoladors de la història en alguna pàgina web que considereu fiable i contrastar-la amb altres fonts. A continuació, us haureu de repartir els terratrèmols per parelles i redactar una notícia que haureu d'enregistrar en àudio mitjançant una aplicació, com ara vocaroo o audioBoom.

Abans de començar l'enregistrament, al costat de la resta de companys i companyes de la classe, podeu escoltar diferents notícies de diverses emissores de ràdio i organitzar un debat sobre quins aspectes de l'expressió oral cal tenir en compte per a dur a terme una locució d'aquest tipus (durada, entonació, vocalització, pauses, etc.).

Una vegada completat l'enregistrament, haureu de descarregar el fitxer en format mp3 i crear un podcast al canal d'àudio de la classe (per exemple, en iVoox).

SÍNTESI

LA TERRA

té una dinàmica

Interna

que tendeix a

Crear relleu, com muntanyes i depressions

gràcies a l'acció de

L'energia interna de la Terra

que es manifesta en

- **La tectònica de plaques**
  que explica
  La creació, l'evolució i la destrucció dels continents i oceans.

- **Les deformacions i les fractures de les roques**
  que poden ser
  Plecs quan la roca no es fractura.
  Falles i diàclasis si es produeix fractura.

- **El vulcanisme**
  que és
  L'ascens a la superfície de magma i gasos procedents de l'interior terrestre.

- **La sismicitat**
  que és
  La vibració produïda per la fractura o el moviment de les roques que formen la litosfera.

Externa

que tendeix a

Destruir el relleu, igualant el terreny

causada per agents com

L'aigua
Les glaceres
El vent

— Confecciona un esquema en el qual aparegui l'estructura interna de la Terra segons la seva composició i segons el seu comportament mecànic.

— Elabora un **mapa mental** dels diferents tipus de deformacions i fractures estudiades en aquesta unitat.

Activitats finals

30. ★☆☆ Quin tipus de fenòmens naturals relacionaries amb les dinàmiques interna i externa de la Terra? Posa dos exemples de cada grup.

31. ★★☆ Què passaria a llarg termini amb el relleu del nostre planeta si l'energia interna de la Terra s'esgotés? Justifica la resposta.

32. ★★☆ Quins dos criteris s'utilitzen per a estudiar l'interior de la Terra? Enumera les capes que constitueixen l'estructura interna de la Terra segons els dos criteris.

33. ★☆☆ Què és l'astenosfera? Quines característiques té?

— Com s'anomena la capa situada per sobre de l'astenosfera? I per sota d'ella?

34. ★★☆ Quina és l'aportació d'Alfred Wegener al coneixement de la dinàmica de la Terra?

— Què explica la tectònica de plaques? Quina influència té sobre el relleu de la superfície?

35. ★☆☆ Què és una dorsal oceànica? En quines zones de la litosfera es formen?

36. ★★☆ Relaciona cadascun dels conceptes següents amb els diferents tipus de contacte entre plaques en els quals es poden trobar:

subducció - activitat volcànica - arc d'illes
fossa marina - formació de serralades - obducció

37. ★★☆ Explica els tres tipus de límits entre plaques que existeixen.

— Quins fenòmens tenen lloc quan es troben una placa oceànica i una placa continental?

— Com explicaries l'origen de les illes del Japó?

— Busca informació sobre els arcs d'illes i digues els noms d'un parell més.

38. ★★☆ Si la tectònica de plaques és certa, podríem pronosticar què succeirà en un futur amb el relleu general del nostre planeta? Intenta fer-ho en els casos següents:

— Què passarà a la zona de la Gran Vall del Rift africana?

— Què succeirà amb la distància entre Europa i Amèrica?

— Què passarà amb l'Índia?

Per a il·lustrar-te sobre aquest tema, pots veure el vídeo que s'esmenta en la rutina de pensament d'aquesta unitat, en la pàgina 150.

39. ★★☆ @ En grups reduïts, visioneu el vídeo següent i expliqueu quins processos relacionats amb la tectònica de plaques heu observat. Per què es considera que es tracta d'un cicle?

http://links.edebe.com/azx

40. ★☆☆ Anomena les parts d'aquest plec:

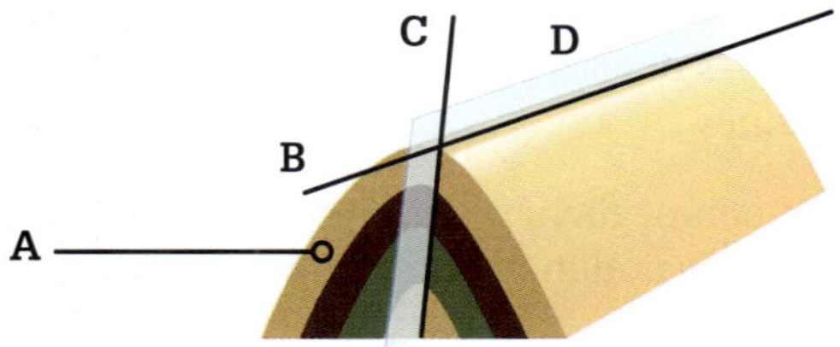

41. ★☆☆ Identifica cada tipus de falla i senyala en cadascuna les parts que les constitueixen:

llavi elevat - salt de falla
pla de falla - llavi enfonsat

A

B

C

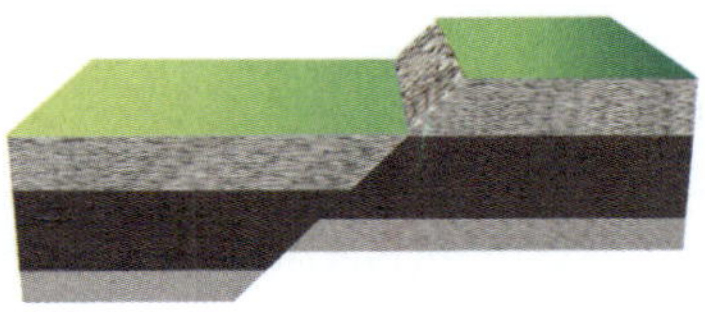

42. ★☆☆ Quines diferències hi ha entre un plec i una falla?

43. ★★☆ Sovint, les falles no es presenten aïllades sinó que es troben associades creant elements del relleu més grans, com els massissos tectònics i les fosses tectòniques.

— Busca el significat de fossa tectònica i de massís tectònic.

— Identifica quina de les dues estructures representa aquesta il·lustració:

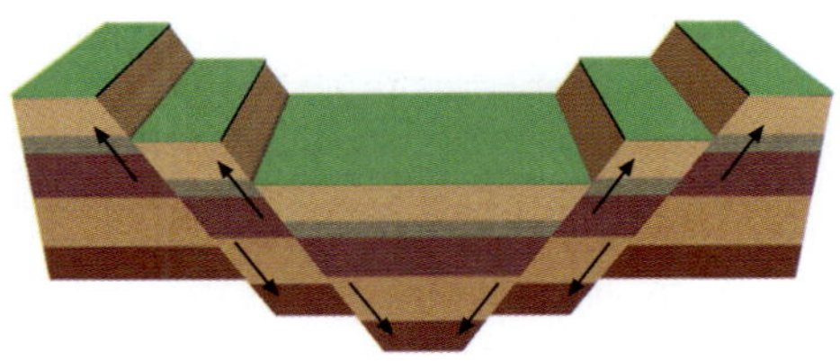

Activitats finals

44. ★☆☆ Indica si les afirmacions següents són vertaderes o falses. En cas que siguin falses, transforma-les en vertaderes.

- Les diàclasis són deformacions en les quals no hi ha hagut moviment entre els blocs que les delimiten.
- Les falles es produeixen quan les roques afectades són plàstiques i suporten els esforços sense fracturar-se.
- Els plecs i les diàclasis són exemples de deformacions de les roques.

45. ★★☆ L'esquema següent representa un tall transversal en el terreny on es poden veure les capes que el formen:

— Quantes capes de materials pots observar?

— Hi identifiques algun plec? Explica on es troben.

— Hi identifiques cap falla? Quin és el llavi elevat? I el llavi enfonsat?

— Confecciona una possible cronologia dels successos que s'han produït en aquest terreny.

46. ★★☆ En quines zones de la superfície terrestre és més probable la formació de volcans? Argumenta la resposta explicant la tectònica de plaques.

47. ★☆☆ Què és una erupció volcànica? D'on prové la lava d'un volcà?

— Fes una llista dels materials que poden ser expulsats a la superfície terrestre durant una erupció volcànica.

48. ★☆☆ Quina característica s'utilitza per a diferenciar els productes sòlids que s'expulsen d'un volcà? Explica en què consisteix cadascun.

49. ★☆☆ Agrupa els aspectes següents segons que facin referència a erupcions efusives o explosives:

emissió pausada de materials
lava viscosa - lava fluïda
volcans perfectament cònics amb gran inclinació
molt abundants - baixa perillositat
volcans extensos de poca inclinació
probabilitat baixa d'explosió - poc freqüents
emissió violenta de materials
probabilitat alta d'explosió - alta perillositat

50. ★☆☆ Identifica i explica els conceptes senyalats en la il·lustració.

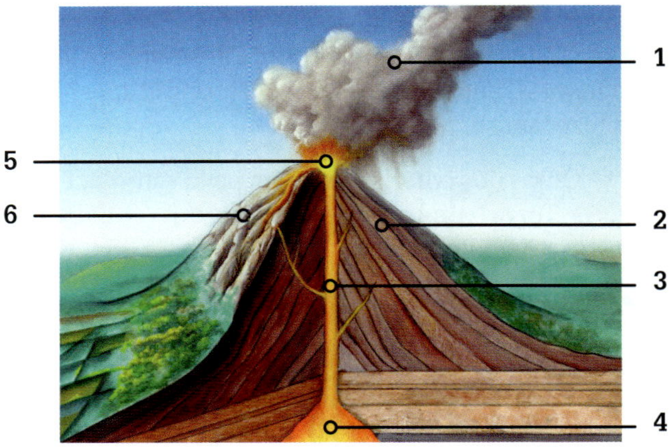

51. ★★☆ En quin lloc del territori espanyol es dóna vulcanisme actiu? Existeixen altres mostres de vulcanisme? On es localitzen i quin tipus d'activitat tenen?

52. ★☆☆ Quin és la diferència entre l'hipocentre i l'epicentre d'un terratrèmol?

53. ★★☆ Quins paràmetres s'utilitzen per a valorar la força dels terratrèmols? Amb quines escales es relacionen cadascun?

54. ★★★ Els sismogrames constitueixen un registre de l'activitat sísmica que, si els interpretem de manera correcta, ens poden proporcionar molta informació. Observa a continuació aquest sismograma i respon les preguntes:

— Quan es produeix un sisme, quin és el primer tipus d'ones que detecta un sismògraf? I l'últim?

— Quin tipus d'ones són les més destructives?

— De les diferents ones registrades en el sismograma, quines són les de mes magnitud?

— Identifica l'arribada de la primera ona de cada tipus en el sismograma.

— Quina part del sismograma fa referència a un moment anterior al terratrèmol i quina al moment posterior? Quina és la part més recent?

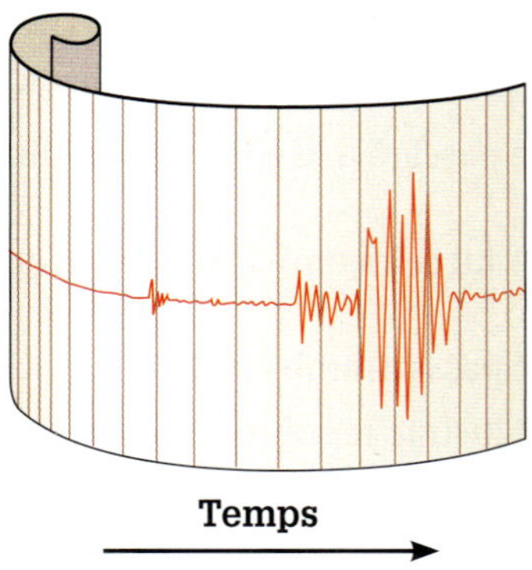

55. ★★☆ Llegeix amb atenció l'article següent i respon les preguntes que trobaràs a continuació:

Els sismes que van afectar l'11 de maig de 2011 Lorca van ser causats pel moviment de la falla d'Alhama de Múrcia, originada pel xoc de plaques. La regió de Múrcia és una de les zones més sísmiques d'Espanya. Nombroses falles actives travessen els seus més d'11 000 km² com a conseqüència del xoc que es produeix entre la placa Africana i l'Eurasiàtica, representada aquesta última en la regió per la microplaca Ibèrica.

Una d'aquestes falles ha estat la causant dels terratrèmols que es van produir l'11 de maig de 2011 en la ciutat de Lorca i que van originar la caiguda d'alguns edificis i diverses víctimes mortals.

Un terratrèmol inicial de 4,5 graus es va registrar cap a les 17:05 i gairebé dues hores després es produïa el sisme principal que va assolir una magnitud de 5,1 graus. La intensitat en l'escala de Mercalli Modificada s'ha valorat en un grau VI per al primer terratrèmol i d'un grau VII per al segon de manera provisional.

Els últims terratrèmols a Lorca es van produir en l'anomenada falla de Lorca, segons que recullen alguns mitjans citant responsables de la Unitat de Registre Sísmic de la Universitat d'Alacant. Aquesta fractura, d'uns 50 km de longitud, és poc profunda i els terratrèmols que van tenir lloc l'11 de maig han tingut, d'aquesta manera, una profunditat hipocentral molt propera a la superfície d'un màxim d'1 km.

Traduït de: **http://www.suite101.net** (03-07-2013)

a) Quina va ser la causa del terratrèmol de Lorca?

b) En quines dues escales es va mesurar la intensitat del sisme? Què indica cadascuna?

c) Quina intensitat i quina magnitud van tenir els dos sismes esdevinguts durant la tarda del dia 11 de maig de 2011?

d) El sisme de Lorca va tenir el seu hipocentre tan sols a 1 000 metres de profunditat. Com creus que influeix aquest fet en el mesurament de la intensitat en l'escala de Mercalli?

e) Anàlisis posteriors al sisme van indicar que algunes víctimes van patir lesions per no saber com reaccionar durant el terratrèmol i en els minuts posteriors. Redacta un document com si fossis un regidor de l'Ajuntament de la teva població en el qual expliquis les normes que cal seguir durant un terratrèmol.

56. ★★☆ Què és el risc geològic? Indica un cas en el qual creguis important conèixer el risc geològic d'una zona i per què penses que és així.

57. ★★☆ Segons la situació de les illes Canàries en el mapa de plaques tectòniques, en quin context es troben? Quin tipus de risc geològic es pot produir a les illes Canàries?

— Enumera algunes accions de previsió i de prevenció per a reduir el risc geològic que corre la població de les illes Canàries.

58. ★☆☆ Dels consells següents, digues quins no són els adequats per a protegir-se durant un terratrèmol:

- Descendir ràpidament per les escales de l'edifici encara que durant el descens empenyis o trepitgis la gent.
- Quedar-se a casa fins que acabin les vibracions en un lloc protegit.
- Una vegada finalitzat el sisme, encara que sigui fort, baixar al carrer en ascensor.
- Tancar la clau del gas i la llum per a evitar incendis.
- Esperar a casa, millor en les balconades, per a evitar rebre cops d'objectes que puguin caure.

59. ★☆☆ Classifica les mesures següents per a atenuar els efectes dels riscos geològics segons que siguin de previsió o de prevenció:

a. Edificar amb mesures antisísmiques.

b. Avaluar la presència de falles i el tipus de terreny.

c. Implantar plans d'evacuació.

d. Analitzar la probabilitat que es produeixi un sisme.

e. Educar la població sobre com reaccionar davant un accident geològic.

60. ★★☆ En grups d'unes cinc persones, analitzeu quina actitud i quines accions hauríeu de prendre davant un terratrèmol sobtat mentre esteu a l'aula.

— Una vegada realitzada la tasca de manera conjunta, i havent comprovat que tots els alumnes del grup han participat i l'han realitzat correctament, apliqueu la **tècnica cooperativa** del *nombre.*

— Per a fer-ho, s'assigna un nombre a cada estudiant de la classe. El professor o professora tria un nombre a l'atzar i l'estudiant seleccionat és el responsable d'exposar en públic el treball dut a terme pel grup.

— Una vegada resolta l'activitat, la resta de la classe valora l'esforç efectuat per l'alumne, i pel grup al qual pertany.

61. ★★☆ Accedeix al vídeo que trobaràs en aquest enllaç i aplica la **rutina de pensament** *Paraula - Idea - Frase* seguint el mateix desenvolupament que la rutina de la pàgina 120.

http://links.edebe.com/vsuta

Posa a prova les teves competències

1. Llegeix l'article següent sobre les plaques tectòniques i respon les preguntes que trobaràs a continuació:

A principis del segle XX, els geòlegs creien que els continents i els oceans s'havien mantingut fixos des de la formació del planeta. La teoria de la deriva continental proposada per Wegener postulava tot el contrari: els continents, lentament, es movien els uns respecte dels altres. Quines grans forces son necessàries per a desplaçar els continents?

Fins a la dècada de 1970 no es va proposar una teoria que expliqués aquest fenomen: el desplaçament dels continents sobre l'astenosfera.

Segons aquesta teoria, les peces o plaques que constitueixen la litosfera terrestre es creen i es destrueixen contínuament provocant el lent moviment dels continents. En l'actualitat, s'ha comprovat que la litosfera terrestre està dividida en set peces molt grans (la placa Eurasiàtica, la placa del Pacífic, la placa Africana, la placa Antàrtica, la placa Australiana, la placa Nord-americana i la placa Sud-americana) i altres plaques més petites (la placa Índica, la placa de Nazca, la placa Aràbiga o la placa de Cocos).

1.1. Explica quina és la causa que els continents es desplacin sobre l'astenosfera.

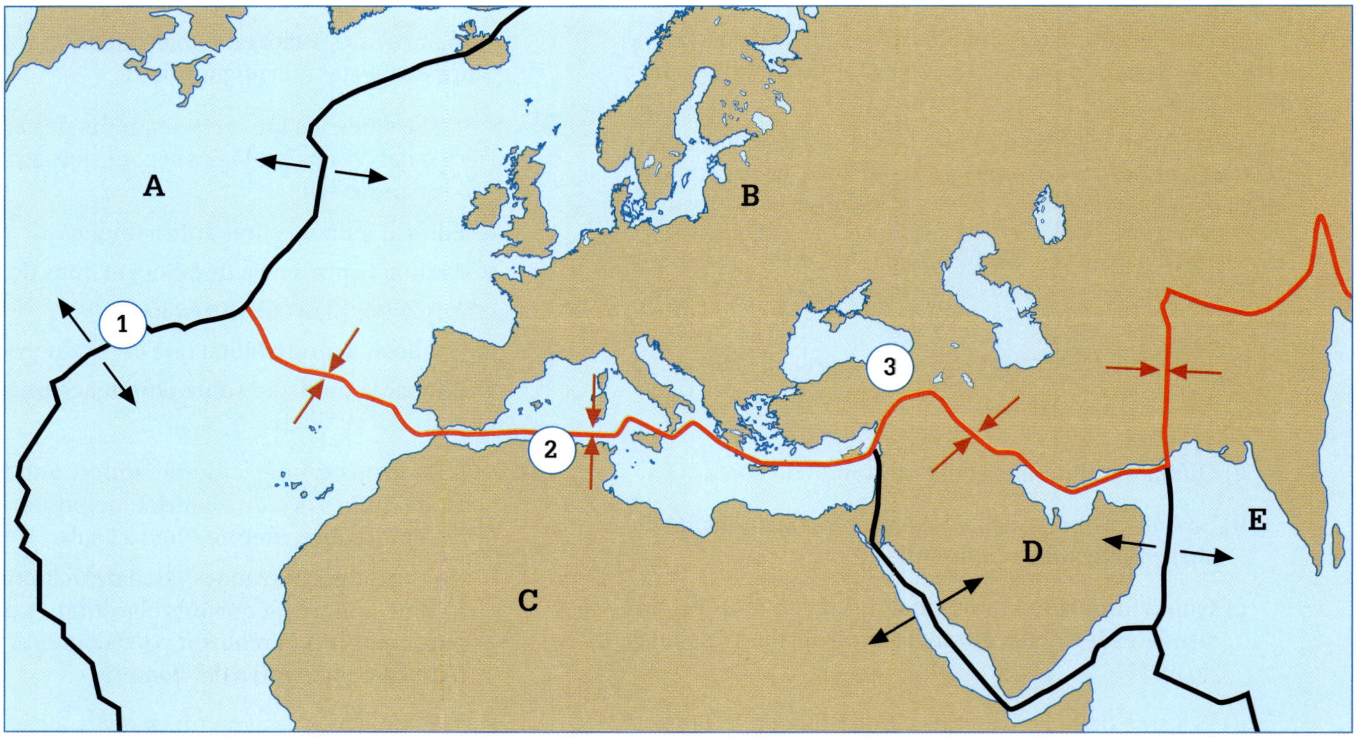

1.2. Indica els noms de les plaques representades en el mapa (A, B, C, D i E).

1.3. Identifica el tipus de contacte (divergent, convergent o transformant) que hi ha entre les plaques A i B, entre les plaques B i C, i entre les plaques B i D. Assenyala si les plaques que participen en els contactes són continentals o oceàniques.

1.4. Basant-te en les dades obtingudes en la pregunta anterior, determina en quin punt (1, 2 o 3) es localitzarà:

— Una dorsal oceànica (serralada submarina que es genera en formar-se nova escorça).

— Una zona de subducció (placa oceànica que s'enfonsa sota la placa continental).

— Una zona d'obducció (plaques continentals que es pleguen i originen serralades).

1.5. En quina zona d'Itàlia esperaries trobar volcans? Justifica la resposta.

1.6. Indica tres punts on creguis que hi ha risc alt de terratrèmols, tres llocs on pensis que hi ha possibilitat d'activitat volcànica, i tres zones que consideris que deuen estar lliures de volcans i terratrèmols importants. Argumenta les respostes.

2. Com hem vist en la unitat, els terratrèmols són vibracions que es generen a conseqüència de la fractura o el moviment de la litosfera terrestre i que es traslladen en forma d'ones en totes les direccions. Per a mesurar els terratrèmols s'utilitzen dues escales diferents: l'escala de Mercalli, que determina la intensitat del terratrèmol a partir dels danys que ocasiona; i l'escala de Richter, que valora l'energia que es desprèn durant el sisme.

2.1. En la taula següent es mostren els terratrèmols més significatius ocorreguts al món des de 1995.

Data	Magnitud	País	Víctimes
30/09/1995	6,4	L'Índia	7600
17/01/1995	7,2	Japó	6400
28/05/1995	7,5	Rússia	1989
10/05/1997	7,1	Iran	1560
14/03/1998	6,6	Iran	4000
25/01/1999	7,4	Turquia	17000
20/09/1999	7,6	Taiwan	2412
26/01/2001	6,9	L'Índia	15500
23/09/2003	7,8	Japó	1
26/12/2003	6,3	Iran	26271
26/12/2004	8,9	Indonèsia	280000
28/03/2005	8,7	Indonèsia	1300
13/06/2005	7,9	Xile	11
08/10/2005	7,6	L'Índia	86000

Data	Magnitud	País	Víctimes
17/07/2006	7,7	Indonèsia	596
16/08/2007	7,9	Perú	510
12/09/2007	7,9	Indonèsia	24
15/05/2008	7,7	Xina	100000
29/09/2009	8,3	Samoa	110
07/10/2009	7,8	Vanuatu	452
12/01/2010	7,0	Haití	430000
27/02/2010	8,8	Xile	521
25/10/2010	7,5	Indonèsia	400
10/03/2011	9	Japó	15745
11/08/2012	6,4	Azerbaidjan	306
06/02/2012	6,7	Filipines	113
24/09/2013	7,8	Pakistan	825
03/08/2014	6,1	Xina	615

a) Quin sisme ha estat el més greu? Indica'n el país, la magnitud i les víctimes que ha causat.

b) Situa en un mapa els tres països més afectats per terratrèmols importants i compara'l amb el mapa de les plaques litosfèriques. Per què els terratrèmols es produeixen de manera repetida als mateixos països?

c) Compara ara les dades referents a les víctimes dels terratrèmols. Trobes una correlació entre la intensitat dels terratrèmols i el nombre de víctimes?

d) Observa els terratrèmols d'intensitats entre 7,7 i 7,9. En quins països hi ha més víctimes? En quins n'hi ha menys? Quina creus que en pot ser la causa? Relaciona-ho amb les mesures de prevenció.

Diari d'aprenentatge

Reflexiona

— Què t'ha resultat més fàcil: entendre el tipus de contactes entre plaques o les conseqüències que generen?

— Creus que és interessant saber com ens podem protegir davant els sismes?

— T'han quedat clares les accions que hauries de dur a terme en cas de percebre un terratrèmol?

8 La dinàmica externa de la Terra

La dinàmica externa terrestre és el conjunt de processos que modelen el relleu de la superfície terrestre. L'aigua que procedeix de la pluja, el vent, els éssers vius i la força de les ones són alguns dels agents que modifiquen els nostres paisatges. D'aquesta manera, l'aspecte de la superfície de la Terra canvia, lentament, amb el pas del temps.

CONTINGUTS

Rutina de pensament

MIRAR: 10 VEGADES 2

- Observa la imatge d'aquesta doble pàgina durant trenta segons.
- Elabora una llista de 10 paraules o frases sobre les idees que t'ha suggerit la imatge.
- Posa en comú les paraules o frases que has anotat amb els teus companys de classe.
- Observa de nou la imatge durant uns altres trenta segons i afegeix 10 paraules o frases més a la teva llista.

Les fonts d'energia de la dinàmica externa de la Terra

A més de la radiació solar, els processos geològics externs també es nodreixen d'altres dues fonts d'energia:

- La força gravitatòria entre la Terra i la Lluna, que és la responsable de les marees.
- La gravetat terrestre, que provoca el desplaçament dels materials de les cotes altes a cotes inferiors.

@ Si vols conèixer l'índex de radiació ultraviolada esperat per al dia d'avui, consulta l'enllaç següent:

http://links.edebe.com/ift

1. L'energia externa del planeta

L'energia solar és la principal font d'energia de la dinàmica externa del planeta, és a dir, dels processos geològics que modelen la superfície terrestre. La calor procedent del Sol és responsable dels fenòmens atmosfèrics que determinen el clima i, per tant, influeix en els processos que modifiquen el relleu.

L'energia solar viatja en forma d'ones electromagnètiques i el conjunt d'aquestes ones és la **radiació solar.** Segons la freqüència de les ones, la radiació solar es classifica en infraroja, visible o ultraviolada.

- **Radiació infraroja.** Aquesta radiació aporta energia calorífica al planeta. Una part d'aquesta radiació és absorbida per l'atmosfera i una altra part, per la superfície terrestre.

- **Radiació visible.** Aquesta radiació proporciona l'energia lluminosa que capten els òrgans de la vista dels animals, la qual cosa permet la visió. Els animals són sensibles a diferents rangs de radiació visible; per exemple, els insectes són capaços de percebre la llum ultraviolada i els mamífers no.

- **Radiació ultraviolada.** Aquesta radiació es caracteritza per ser altament energètica i nociva per als éssers vius. La major part de radiació ultraviolada és absorbida per la capa d'ozó estratosfèric.

Part de la radiació solar que arriba a la Terra és absorbida o reflectida pels diferents components de la superfície terrestre. Vegem en quina proporció.

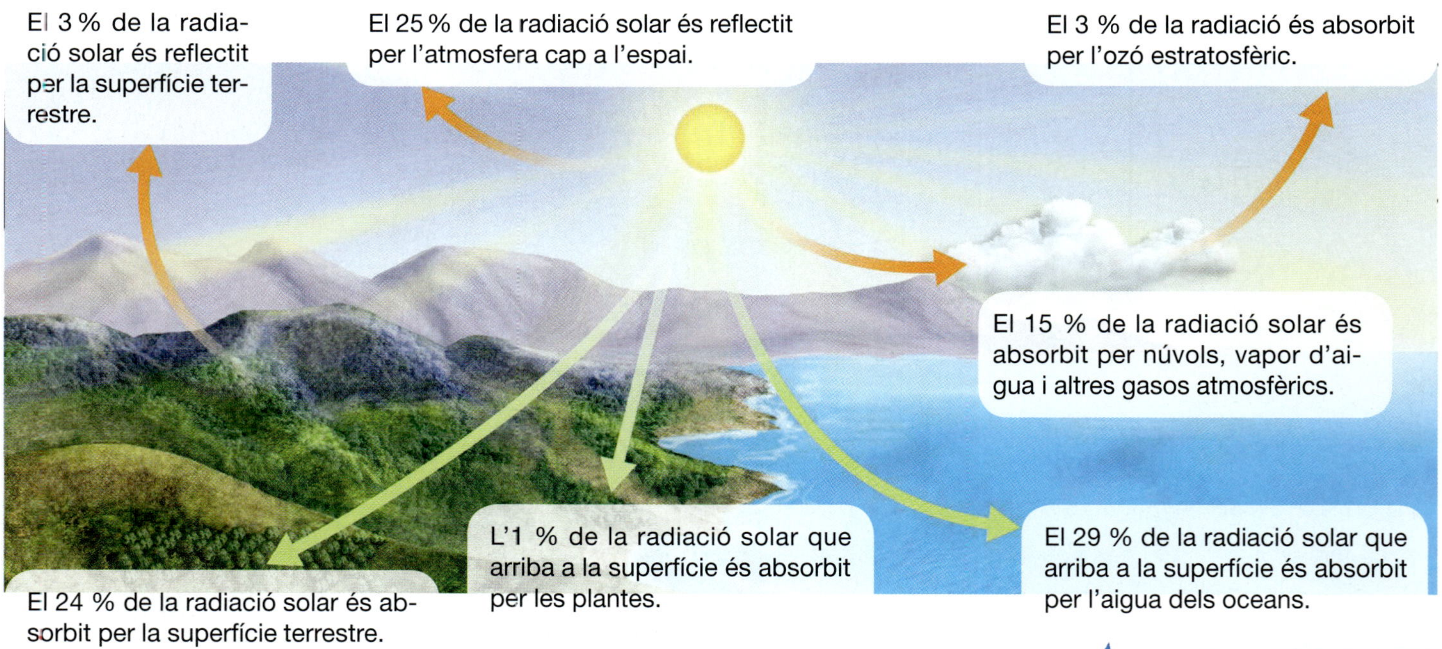

Activitats

1. Respon les preguntes següents sobre la incidència de la radiació solar:

— On s'absorbeix una major quantitat de la radiació solar que incideix sobre el nostre planeta?

— Quina quantitat total de radiació es reflecteix?

— Quina quantitat de radiació permet realitzar la fotosíntesi a les plantes?

— Quina part de la radiació solar és absorbida per la capa d'ozó?

2. Els processos geològics externs

El relleu del nostre planeta canvia a conseqüència dels processos geològics externs que actuen sobre la superfície terrestre: la meteorització, l'erosió, el transport i la sedimentació.

2.1. La meteorització

La **meteorització** és la fragmentació o transformació de les roques a causa dels canvis de temperatura ambiental, l'acció de l'aigua i l'activitat d'alguns éssers vius.

Es tracta d'un procés geològic estàtic, que no implica el moviment de les roques a les quals afecta. La meteorització pot ser física o mecànica, i també química.

La meteorització física o mecànica

Consisteix en el trencament de les roques sense que se n'alteri la composició química. Segons quina sigui la causa d'aquest trencament, es distingeixen diversos tipus de meteorització física.

El **termoclastisme** es deu a canvis bruscs de temperatura, que provoquen successives dilatacions i contraccions de les roques, afeblint-ne l'estructura fins a fragmentar-la. Es dóna en climes desèrtics.

El **crioclastisme** té lloc en gelar-se l'aigua acumulada en les fissures i els porus de les roques. En solidificar-se, l'aigua augmenta de volum i actua com un tascó que trenca les roques. És propi de climes freds.

L'**haloclastisme** es deu a l'alta concentració de sals de l'aigua acumulada en les fissures. Els cristalls de sal fan pressió sobre les esquerdes i les engrandeixen fins a partir-les. És propi de zones costaneres.

L'**acció dels éssers vius**, com les arrels de les plantes o l'excavació de galeries per part d'alguns animals provoca la formació d'esquerdes o l'eixamplament de les ja existents.

La meteorització química

Consisteix en la transformació química o dissolució dels minerals que constitueixen les roques. Com a conseqüència, es produeix la disgregació de les roques que en facilita l'erosió posterior. Alguns exemples són:

- La **dissolució** dels minerals formats per sals quan aquests materials entren en contacte amb l'aigua.
- La **carbonatació,** cas particular de dissolució, en la qual l'aigua reacciona amb el diòxid de carboni atmosfèric i forma àcid carbònic, que dissol les roques calcàries.

Activitats

2. Quin tipus de meteorització serà característica del cim d'una muntanya? I en un bosc? I en uns terrenys rics en sals?

3. Creus que la meteorització física facilita que es produeixi la meteorització química? Justifica la resposta.

2.2. L'erosió

L'**erosió** és un procés de desgast i fragmentació de les roques, a causa de l'acció de l'aigua i del vent.

L'erosió és més intensa si prèviament s'ha produït la meteorització de les roques. El resultat d'un procés erosiu és el despreniment de petits fragments de roca que s'anomenen **detritus.** L'erosió es pot produir per despreniment i per abrasió.

Despreniment

La força dels corrents d'aigua o del vent provoca el despreniment dels materials.

Abrasió

Les partícules que transporten l'aigua i el vent xoquen contra la superfície de les roques i les desgasten.

La intensitat de l'erosió sobre un determinat terreny depèn de factors com la seva cobertura vegetal, el seu pendent, el tipus de roques que el constitueixen i el clima. Aquest últim és el que determina quins seran els agents geològics responsables de l'erosió.

Experimenta

Observació del mecanisme d'erosió

Ara construirem un model que imiti la circulació de l'aigua per un terreny. Per a fer-ho, necessites dos recipients o safates grans de plàstic; terra amb grava, fulles seques o branquetes barrejades; i treballar prop d'una aixeta d'aigua.

— Diposita la terra en un dels recipients de manera que romangui una capa d'un gruix d'uns 2 cm.

— Col·loca el recipient amb la terra damunt l'altre, que està buit, amb una determinada inclinació, com pots veure en el dibuix.

— Situa tots dos recipients sota l'aixeta, obre-la de manera que no surti a gaire pressió, i deixa que l'aigua circuli pel recipient inclinat.

— Obre més l'aixeta i observa la diferència de l'acció de l'aigua.

Els materials que s'arrosseguen primer pel pas de l'aigua són els de menys pes. Quan la força de l'aigua augmenta, l'erosió de la capa de terra és més gran. Els materials arrossegats sedimenten en el recipient que no està inclinat.

Activitats

4. On creus que hi haurà una major erosió, en el curs alt d'un riu o en la seva desembocadura? Justifica la resposta.

— Anota altres factors que afavoreixen l'erosió.

5. En alguns edificis antics són visibles signes d'abrasió en les roques de murs i façanes. Explica com el vent desgasta les superfícies exteriors d'aquests edificis.

2.3. El transport

El **transport** és el trasllat de les partícules resultants de la meteorització i l'erosió a un altre lloc.

Durant el transport, els materials es continuen erosionant a conseqüència del fregament amb el substrat o amb altres partícules que també es desplacen.

El transport de les partícules pot ser químic o físic:

- En el **transport químic,** les partícules es transporten dissoltes en l'aigua.
- En el **transport físic,** les partícules són transportades per l'aigua o el vent mitjançant flotació, suspensió, saltació, rodament o reptació. Observa en la imatge següent en què consisteix cadascuna d'aquestes formes de transport:

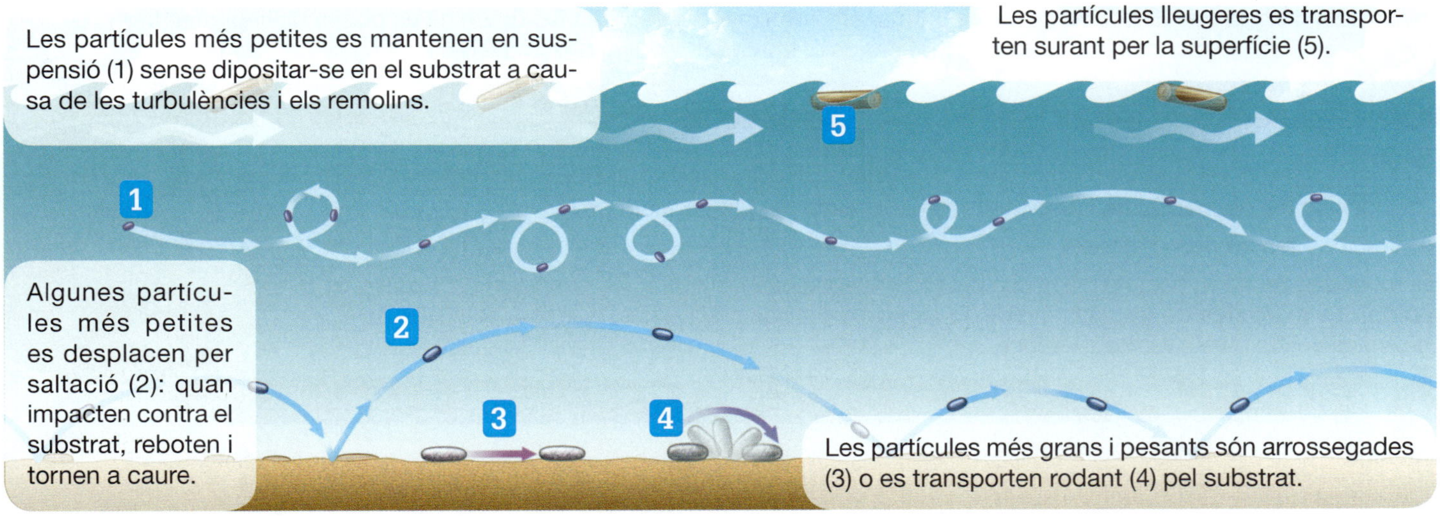

2.4. La sedimentació

La **sedimentació** consisteix en el dipòsit dels materials transportats per l'aigua o el vent.

La sedimentació es produeix quan la força de l'aigua o del vent disminueix i els materials transportats, que s'anomenen **sediments,** es dipositen per efecte de la gravetat.

La sedimentació pot ser **sobtada,** quan tots els sediments s'amunteguen alhora i es barregen els materials de diverses grandàries; o **gradual,** quan els sediments més grans es dipositen abans que els petits.

El lloc on es dipositen els sediments s'anomena àrea o **conca de sedimentació.** Són zones baixes o deprimides que en els continents se situen als peus de les muntanyes, al costat dels jaços dels rius i en el fons de llacs, pantans i embassaments. No obstant això, les principals àrees de sedimentació del planeta no es localitzen en els continents, sinó en els fons marins.

Activitats

6. Dels tipus de transport que apareixen en la il·lustració, quins creus que pot exercir el vent?

7. Descriu un exemple de sedimentació sobtada i un altre de gradual.

8. La mar Mediterrània és una gran conca sedimentària. Investiga el nom dels principals rius que aporten sediments a aquesta conca sedimentària.

3. Els agents geològics

L'aigua, el vent i, en menor grau, els éssers vius són els agents responsables dels processos d'erosió, transport i sedimentació que modifiquen el relleu. Aquests agents poden actuar de manera conjunta, tot i que el predomini d'un o altre depèn en major part de les condicions climàtiques.

A continuació, estudiarem com els diferents agents geològics modifiquen la superfície terrestre i originen diversos modelats del relleu.

3.1. L'aigua

L'aigua és l'agent geològic més important i que dóna lloc a una major diversitat de modelats. El resultat de l'acció de l'aigua sobre el relleu dependrà de si aquesta constitueix un curs d'aigua superficial canalitzat (rius i torrents) o no canalitzat (aigües d'escorrentia), de si són aigües subterrànies, glacials o mars i oceans.

Els rius

Són corrents d'aigua que discorren de forma permanent i contínua sobre un llit fix. En un riu es poden distingir tres trams o cursos diferenciats, cadascun amb una capacitat d'erosió, transport i sedimentació diferents.

Curs alt

- L'aigua circula a gran velocitat i amb molta força a causa del fort pendent.
- Predomina l'**erosió** dels materials.
- Els modelats del relleu característics són les **valls fluvials** en forma de V, les **cascades,** les zones de **ràpids** i les **marmites de gegant.** També abunden les **gorges** o congosts, que són valls estretes encaixonades entre parets verticals de roca.

Curs mitjà

- La velocitat i la força de l'aigua és menor perquè el terreny té menys pendent.
- Predomina el **transport** dels materials.
- Els modelats del relleu característics són els **meandres,** àmplies corbes que descriu el riu, i les **terrasses al·luvials,** que són els dipòsits de sediments escalonats a banda i banda del riu.

Curs baix

- La velocitat de l'aigua és baixa i les aigües són calmades.
- Predomina la **sedimentació** dels materials.
- Els modelats del relleu característics són els **deltes,** que s'originen quan els sediments taponen la desembocadura i el riu s'obre camí excavant canals; i els **estuaris,** que es formen quan els sediments són arrossegats mar endins i el riu s'obre al mar en una àmplia desembocadura.

Activitats

9. Descriu dues formes del relleu característiques de cadascun dels trams d'un riu.

10. Investiga quina relació existeix entre la força de les marees i la formació de deltes i estuaris.

11. Observa aquest vídeo i explica el procés de formació de meandres:

http://links.edebe.com/7m9dv

Els torrents

Són corrents d'aigua que discorren de forma temporal per un llit fix de longitud molt menor que els rius.

Els torrents es localitzen en zones muntanyenques amb fortes pendents. L'aigua que hi circula procedeix de les pluges intenses o del desglaç; es tracta, doncs, d'un curs temporal.

En els torrents es distingeix la **conca de recepció,** el **canal de desguàs** i el **con de dejecció.**

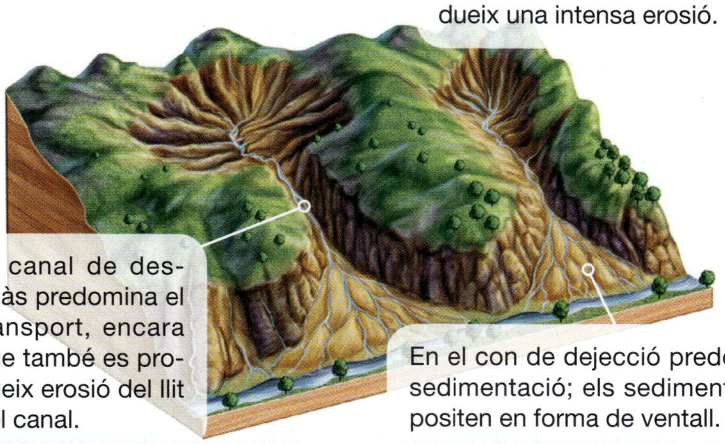

Les aigües d'escolament

Són corrents d'aigua que procedeixen de la pluja o del desglaç i que discorren de forma temporal sense un llit fix. L'aigua circula fins a arribar al llit d'un riu o d'un torrent, o fins a infiltrar-se en el sòl. Les aigües d'escolament duen a terme un important procés d'erosió, que depèn de la quantitat d'aigua caiguda, de la naturalesa del terreny i de la presència de vegetació.

Les formes de modelat més freqüents generades per les aigües d'escolament són:

— Els **xaragalls.** Són solcs que poden mesurar des d'uns pocs centímetres fins a més d'un metre de profunditat. Es produeixen en sòls impermeables, poc consolidats i en absència de vegetació.

— Les **xemeneies de les fades.** Es formen quan els materials del terreny són de diferent composició i l'aigua els erosiona de manera diferencial. Si els materials resistents es troben per sobre, originen estructures en forma de barret.

Les aigües subterrànies

Són les aigües que es troben sota la superfície terrestre i formen una gran reserva d'aigua continental.

L'aigua d'aquestes formacions procedeix principalment de les precipitacions que s'infiltren en el sòl. Aquesta aigua amara les roques i va circulant a través de les esquerdes i fissures de les roques del subsòl. Quan les aigües subterrànies arriben a una roca impermeable, s'acumulen formant dipòsits d'aigua dolça anomenats **aqüífers.**

En els aqüífers, la zona més propera a la superfície, en la qual els porus de les roques no estan saturats d'aigua, s'anomena **zona de ventilació.** El nivell fins al qual arriba l'aigua s'anomena **zona de saturació,** i el **nivell freàtic** és la superfície de contacte entre la zona de saturació i la zona de ventilació.

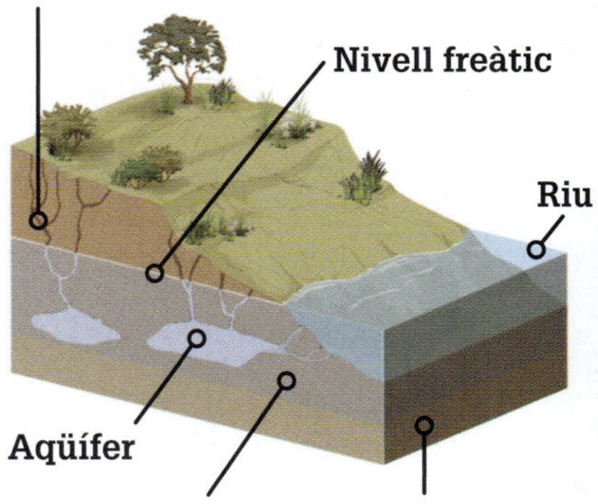

Activitats

12. Enumera les formes de modelat associades als rius i als torrents.

13. Explica el procés de formació d'un con de dejecció, una xemeneia de les fades, un xaragall i un aqüífer.

14. On creus que és més gran la proporció d'aigües d'escolament, en un bosc o en una zona desproveïda de vegetació? Justifica la resposta.

15. Com creus que varia l'altura del nivell freàtic al llarg de les estacions?

Les glaceres

Són masses de gel que llisquen molt lentament, procedents de l'acumulació de la neu precipitada any rere any i que no es fon durant l'estiu. Les glaceres es localitzen a les altes muntanyes i a les zones polars.

L'erosió d'aquestes masses de gel origina les **valls glacials,** que són àmplies, de fons pla i amb parets verticals en forma d'U.

Els oceans i els mars

Són les majors acumulacions d'aigua del planeta, ocupen les dues terceres parts de la superfície terrestre i la seva aigua és salada.

L'aigua del mar provoca un efecte modelador sobre la costa, a conseqüència del continu moviment al qual es troba sotmesa per l'acció de les ones, els corrents marins i les marees.

- Les **ones** són les principals responsables de l'acció erosiva de mars i oceans. Es tracta d'un moviment ondulatori de la superfície de la massa d'aigua provocat per l'acció del vent.
- Els **corrents marins** són grans masses d'aigua en moviment a causa que tenen temperatura, salinitat o densitat diferent a la resta de l'aigua que les envolta. També poden estar provocades per vents de direcció constant.

  Els corrents marins són un agent de transport de materials.
- Les **marees** són el moviment periòdic al qual es troba sotmesa la massa d'aigua per la força gravitatòria que exerceix el Sol i la Lluna.

  Les marees afavoreixen l'acció d'ones i corrents.

Activitats

16. Investiga com són les glaceres que cobreixen els casquets polars i com té lloc el desplaçament del gel.

— Explica què succeeix quan el gel de les glaceres entra en contacte amb l'oceà.

17. Elabora un esquema d'una glacera i senyala'n les parts.

18. Explica quin procés geològic predomina en l'acció de les ones, els corrents marins i les marees.

L'acció de l'aigua com a agent geològic modifica el paisatge i origina formes de relleu i modelats característics. En aquesta unitat, estudiarem el **modelat càrstic,** associat a terrenys de roca calcària, i el **modelat litoral.**

El modelat càrstic

En terrens compostos per roques calcàries, les aigües superficials i les aigües subterrànies originen aquest modelat. L'aigua de la pluja es filtra en el terreny i lentament dissol el carbonat càlcic que forma les roques. El resultat a llarg termini és la formació de grutes, galeries i cavernes. A l'interior de les coves, el carbonat càlcic dissolt precipita i forma estalactites i estalagmites.

Les **dolines** són depressions del terreny causades per enfonsament de cavitats.

En les coves, les **estalactites** pengen del sostre i les **estalagmites** creixen des del sòl.

Els **avencs** són fissures que s'han eixamplat formant conductes verticals.

Emiliano Aguirre Enríquez

Paleontòleg gallec (Ferrol, 1925) reconegut per ser el científic que va iniciar l'estudi dels jaciments paleontològics de les coves d'Atapuerca. Va ser el responsable de les excavacions fins l'any 1990, en què es va jubilar.

L'any 1997 va rebre el Premi Príncep d'Astúries a la Recerca Científica i Tecnològica.

El modelat litoral

L'acció erosiva, transportadora i de sedimentació que realitza el mar sobre el litoral origina un modelat característic en el qual destaquen les formes que es mostren en la imatge.

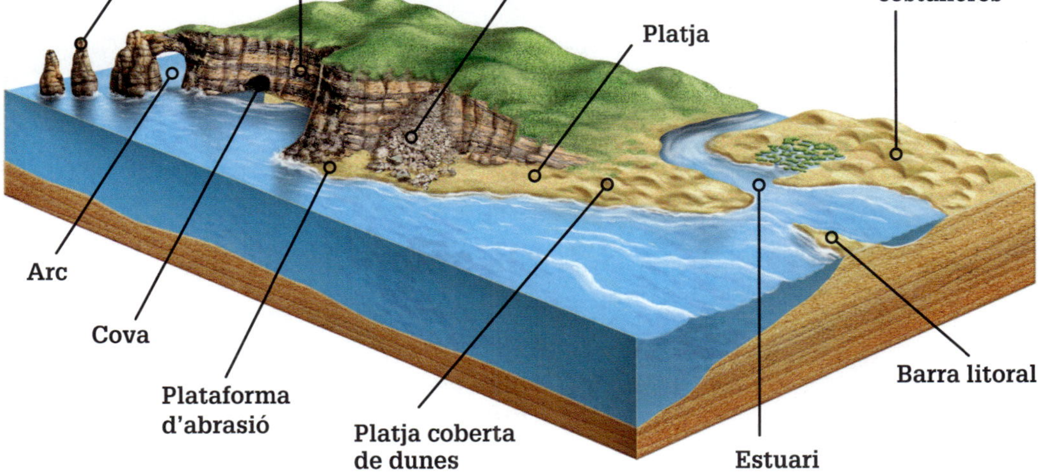

Activitats

19. En el modelat càrstic també són freqüents altres formes de relleu, com el lapiaz, les columnes i els engolidors. Busca imatges que il·lustrin aquestes formes càrstiques i explica en què consisteixen.

20. Busca el significat de *fletxa litoral, faralló, maresma, plataforma d'abrasió* i *arc.*

21. Dedueix i descriu el procés de formació d'una platja. En el text que escriguis han d'aparèixer els termes *sedimentació, corrents marins* i *sorra.*

22. Les formes litorals es formen per erosió o per sedimentació. Observa la il·lustració i classifica totes les formes de relleu que apareixen segons aquest criteri.

L'ésser humà com a agent geològic

Com a agent geològic, l'ésser humà erosiona el terreny, transporta materials i finalment els sedimenta. De tots els éssers vius que habiten el planeta, és el que provoca més canvis en el relleu a causa de la seva elevada activitat. Vegem-ne alguns exemples:

- L'ésser humà erosiona materials en explotar els recursos naturals, per exemple, quan extreu minerals i roques de les mines i quan aplana la superfície de terreny per a construir infraestructures o camps de cultius.
- L'ésser humà transporta materials des del lloc d'on els extreu cap al lloc on els diposita: ciutats, carreteres, preses, ports, etc.
- L'ésser humà també modifica l'acció erosiva dels agents geològics naturals amb accions com la construcció de preses i de ports esportius, entre altres exemples.

3.2. El vent

El vent és un agent erosiu modificador del paisatge, especialment important en les zones de clima sec com els deserts i les zones costaneres. El vent actua erosionant els materials, transportant les partícules d'un lloc a l'altre i dipositant-les sobre la superfície.

La força erosiva del vent depèn de diversos factors: de la força del vent, el grau de cohesió dels materials i el grau de cobertura vegetal.

Les partícules suspeses i arrossegades pel vent poden viatjar milers de quilòmetres; quan la velocitat del vent disminueix o les partícules xoquen contra una superfície, es produeix la sedimentació.

El modelat eòlic

Com a resultat de l'acció del vent, s'originen diverses formes de relleu:

Els **arcs** són buits excavats en la roca per la força dels corrents d'aire.

Els **paviments desèrtics** es formen quan el vent s'enduu les partícules fines de la superfície.

Les **dunes** són acumulacions de sorra fina de formes diferents.

L'abrasió de les partícules provoca **roques en forma de bolet.**

3.3. Els éssers vius

En l'acció geològica dels éssers vius predominen la meteorització i la sedimentació. Per exemple:

- Les arrels de les plantes i els animals subterranis que construeixen túnels afavoreixen la meteorització física.
- Altres éssers vius, com ara els bacteris o fongs, produeixen substàncies que alteren la naturalesa de la roca i en contribueixen a la meteorització química.
- L'acumulació de restes d'éssers vius dóna lloc a roques sedimentàries orgàniques com el carbó o les lumaquel·les.

Activitats

23. Per què l'erosió eòlica és important en les zones on predomina el clima sec?

24. Explica en quines situacions els éssers vius actuen com a agents geològics.

25. Descriu dos exemples en els quals els éssers humans causen erosió, transport i sedimentació de materials.

26. Valora com afecta el grau de cobertura vegetal, el clima i el tipus de roques en el modelat eòlic.

4. Riscos associats a la dinàmica externa

L'aigua i el vent, com a agents geològics externs, poden provocar danys que afecten el medi natural i que causen greus pèrdues econòmiques, de vegades també humanes. Ara estudiarem quins són els riscos que poden ocasionar.

- **Riuades i inundacions.** Les fortes precipitacions ocasionen el desbordament dels rius i inunden el terreny; en les zones habitades, aquest procés pot ocasionar desperfectes en els habitatges i en les vies urbanes; si succeeix en zones agrícoles, pot afectar les collites. La mesura de prevenció més important és no construir ni ocupar el llit de rius i torrents.
- **Despreniments i lliscaments de roques i materials.** Són moviments de materials que es desprenen i precipiten per l'acció de la gravetat; generalment, estan afavorits per l'acció de les aigües superficials o subterrànies. Són greus quan afecten les infraestructures o zones habitades. Per a evitar els despreniments en zones de risc, es poden utilitzar xarxes metàl·liques, plantar vegetació i construir contraforts.
- **Erosió de la línia costanera.** L'impacte continu de les ones sobre els penyasegats provoca una erosió dels materials inferiors i la seva conseqüent regressió. Per a prevenir afectacions en les infraestructures, les construccions han de respectar una distància de seguretat respecte de la línia de costa.
- **Pèrdua de platges.** Alguns temporals marins provoquen la pèrdua de la sorra acumulada a la platja i danys en els passejos propers. En la majoria dels casos, per a recuperar les platges cal restituir la sorra. Per a reduir l'efecte destructor, també es poden instal·lar espigons i esculleres.
- **Moviment de dunes.** En les zones costaneres o en els límits de les zones àrides, les dunes es poden desplaçar i arribar a zones habitades o de cultiu. Per a estabilitzar les dunes, s'hi instal·len barreres protectores que poden ser de naturalesa vegetal.

Àgora

En moltes zones urbanes, és habitual trobar antics torrents que travessen les poblacions i que s'han habilitat per passejar o aparcar els vehicles. En alguns casos, tanmateix, existeixen senyals de trànsit que alerten que existeix un eventual perill d'inundació en aquestes zones.

— Creus que sovint no fem cas d'aquestes indicacions i aparquem en zones que es poden inundar? Per què?

— Per què ens costa tant respectar els senyals de perill? Percebem el risc d'aquestes actuacions? Argumenta-ho.

Activitats

27. Enumera les mesures preventives esmentades en el text per a reduir els riscos associats a la dinàmica externa.

28. Els espigons i les esculleres tenen una funció preventiva. Què intenten evitar aquestes estructures?

29. La població en la qual vius, està exposada a algun dels riscos geològics externs? En grups reduïts, investigueu les mesures que han dut a terme les Administracions per a prevenir els riscos.

CIÈNCIA AI TEU ABAST: Els riscos geològics

INVESTIGA: El mapa topogràfic

Material

- Fotocòpia del mapa topogràfic d'aquesta pàgina.
- Llapis i llapis de colors.

Introducció

En aquesta unitat, hem vist com els agents geològics externs modifiquin el relleu i perfilen muntanyes, valls, planes i collades. Aquests accidents geogràfics és poden representar gràficament en un **mapa topogràfic.**

En aquesta pràctica, analitzarem un mapa topogràfic per a identificar els possibles riscos geològics que afecten el territori. Per a ferho, interpretarem les **corbes de nivell** i deduirem els elements que conformen el relleu. Recordem que les corbes de nivell són les línies que uneixen els punts situats a la mateixa altitud; per aquest motiu, les corbes de nivell molt properes en un mapa topogràfic indiquen una zona de fort pendent.

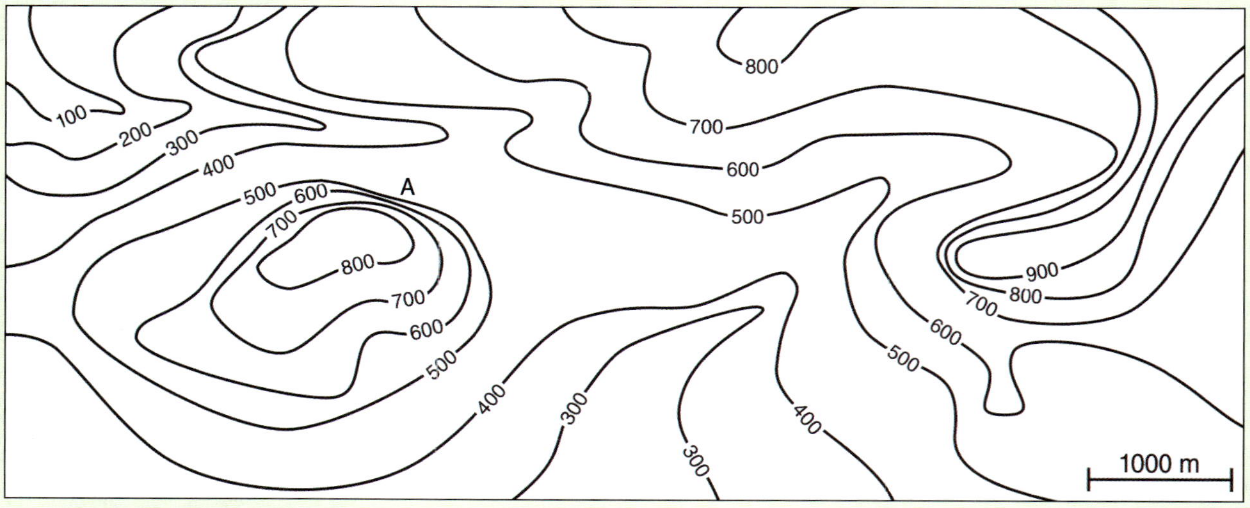

Procediment

— Aconsegueix una fotocòpia del mapa topogràfic d'aquesta pàgina i pinta-la segons el codi següent:

Menys de 200 m:  Entre 201 i 400 m:  Entre 401 i 600 m:  Més de 600 m: 

— Observa les corbes de nivell i identifica el recorregut que seguiran els rius i torrents; marca'ls amb llapis blau.

— Identifica i senyala en el teu mapa:

1. Un pic
2. Un penya-segat 
3. Una vall 
4. Una collada 
5. Una aresta 
6. Una plana

Activitats

— En cas de pluges abundants, les zones properes als rius es poden desbordar i causar inundacions. Observa el mapa i indica en quins llocs no és recomanable edificar habitatges.

— En quin lloc del mapa situaries unes instal·lacions esportives a l'aire lliure? I un mirador? Justifica l'elecció.

— El municipi vol concedir permisos per a edificar habitatges i han triat la zona A per a aquest projecte, però el geòleg que ha dut a terme els estudis ha dictaminat que no és un lloc recomanable perquè els materials del vessant són poc compactes. Quins riscos correrien els habitatges si s'edifiquen en la zona A? Com és poden prevenir aquests riscos?

APROFUNDEIX

Els aqüífers en perill

Les aigües dels aqüífers constitueixen un recurs hídric molt important per a l'agricultura i la ramaderia, i també per al proveïment de les poblacions. Els aqüífers situats a bastant profunditat tenen una taxa de renovació de centenars d'anys, és a dir, la seva capacitat de recàrrega a mesura que s'exploten és molt lenta. Aquest fet significa que la seva excessiva explotació o contaminació posa en perill el seu futur. Per tant, cal conservar i explotar els aqüífers racionalment.

a. **A què és deu que la taxa de renovació dels aqüífers sigui de centenars d'anys? Creus que és major o menor que la d'un riu? Justifica la resposta.**

b. **En quines èpoques de l'any creus que és més intensa l'explotació dels aqüífers al nostre país?**

c. **Com creus que les activitats humanes contaminen els aqüífers?**

d. **A la costa mediterrània i a les illes Canàries, existeix una sobreexplotació dels aqüífers. Això provoca que el nivell freàtic descendeixi, la qual cosa facilita l'augment de la concentració salina. Quins problemes suposa l'increment de la concentració de sals en els aqüífers?**

e. **Per parelles, proposeu solucions perquè no s'esgotin els aqüífers, i per a evitar o reduir-ne la contaminació.**

Visió 360°: Amb l'aigua al portal

Fa tres dies que no para de ploure a la nostra població; segons la informació meteorològica, ja s'han recollit més de 150 litres per metre quadrat i està previst que aquesta situació d'inestabilitat duri dos dies més. Precisament ara, plou amb intensitat, i he tret el cap per la finestra. Vivim en una casa de dues plantes i estem pendents que l'aigua que s'acumula al carrer no arribi a la nostra porta d'entrada a la casa; no és la primera vegada que s'inunda la planta baixa.

—Quins danys pot provocar l'entrada d'aigua al teu habitatge?

—Podries evitar aquest problema o minimitzar-ne els efectes? Com? Explica quines accions pots dur a terme i quines no en aquesta situació.

—Quin tipus d'ajuda pots demanar i a qui?

Cerca informació, en els enllaços següents, sobre quin és el procediment correcte que has de seguir en cas d'inundació del teu habitatge i revisa les teves respostes anteriors:

http://links.edebe.com/8fh52 **http://links.edebe.com/b9sk**

Cre@ctivitat: Mapes interactius

T'agradaria sobrevolar glaceres, meandres, penya-segats i altres meravelles de la natura? Doncs amb aquesta activitat i amb una mica d'imaginació ho podràs dur a terme.

Per a fer-ho, hauràs d'utilitzar Google Maps per a viatjar fins a glaceres com ara el Perito Moreno d'Argentina o l'Aletsch de Suïssa; deltes com el del Ganges, entre l'Índia i Bangladesh; meandres com els del Mississipí als EUA o els del riu Purus, afluent de l'Amazones; o les llegendàries xemeneies de les fades del Canyó Bryce (EUA). Fins i tot podràs admirar el Gran Canyó del Colorado des de l'interior del riu, gràcies a l'Street View de Google o anar fins a Noruega per a visitar l'imponent Preikestolen.

Per parelles, haureu de triar cinc formacions diferents (meandres, penya-segats, deltes, glaceres i xemeneies de les fades) i efectuar-ne captures de pantalla utilitzant Google Maps, en vista satèl·lit, o d'Street View. També hauràs de buscar imatges d'aquests llocs a internet, amb una llicència que en permeti l'ús, i emmagatzemar-les totes en una carpeta de Drive compartida amb el vostre professor o professora.

SÍNTESI

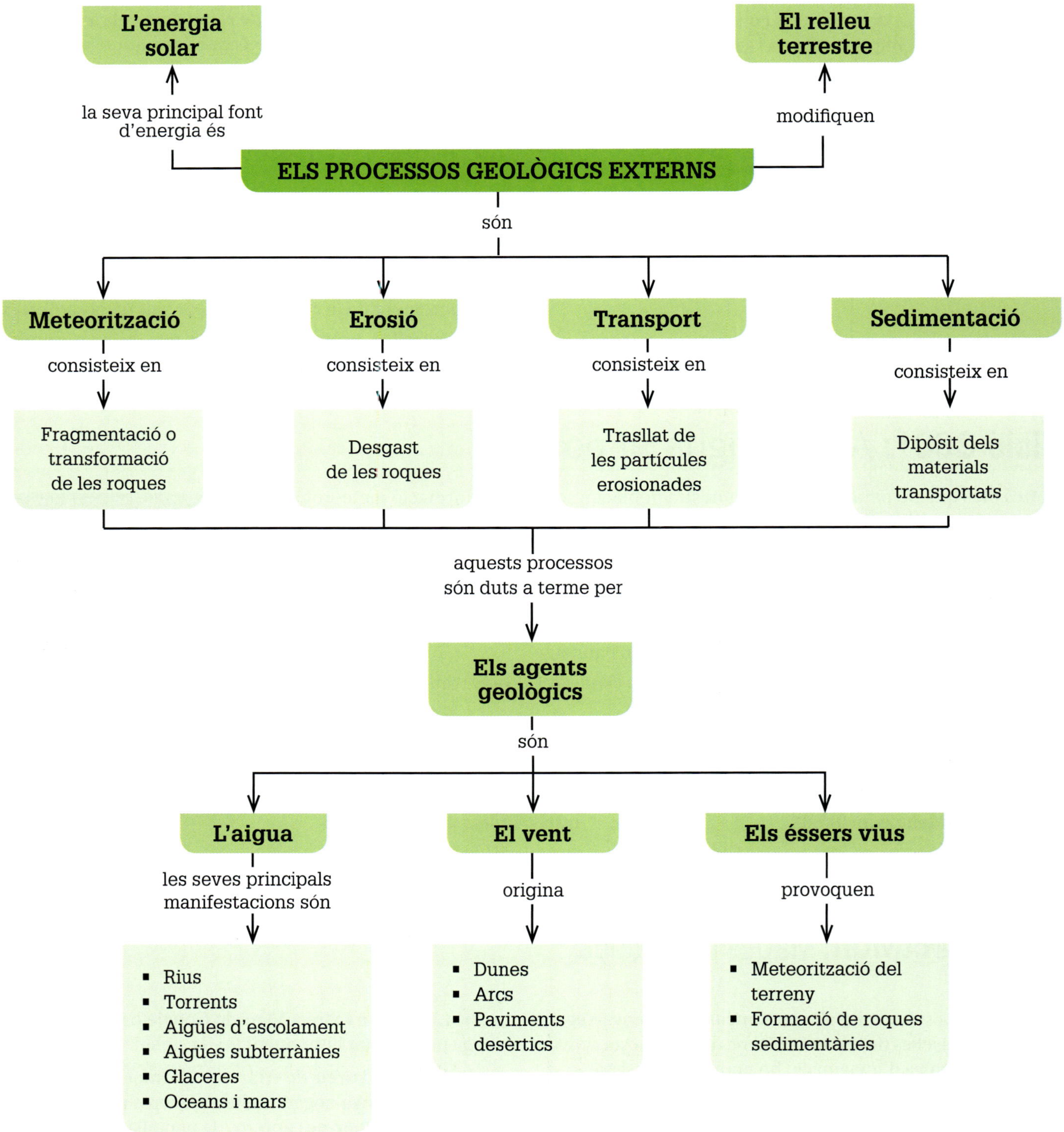

— Afegeix al mapa conceptual els diferents tipus de meteorització, erosió, transport i sedimentació que s'han estudiat en aquesta unitat.

Activitats finals

30. ★☆☆ Explica quines són les fonts d'energia que nodreixen els processos geològics externs i exposa alguns exemples de les seves manifestacions.

31. ★☆☆ Quina és la diferència entre meteorització física i meteorització química? Explica-la mitjançant un exemple.

32. ★★★ En grups reduïts, dissenyeu un experiment per a explicar la base científica del crioclastisme aplicant el mètode científic. Recordeu les fases d'aquest mètode:

- Fase 1: Plantejament del problema que serà objecte d'estudi.
- Fase 2: Formulació de la hipòtesi, a partir de les dades obtingudes de les recerques realitzades o dels coneixements previs.
- Fase 3: Comprovació de la hipòtesi mitjançant experimentació.
- Fase 4: Extracció de conclusions a partir de les dades obtingudes.

— Consensueu la definició de crioclastisme i deduïu quines condicions climatològiques generen aquest fenomen. A partir de la informació recollida, plantegeu la hipòtesi de treball.

— Penseu quins elements quotidians podeu utilitzar que representin les roques i el seu comportament, així com les condicions de temperatura necessàries per a simular el clima en el qual té lloc el crioclastisme. Entre tots, dissenyeu l'experiment.

— Comproveu la hipòtesi mitjançant experimentació.

— Finalment, extraieu conclusions a partir de les dades obtingudes i expliqueu el procés físic que causa el crioclastisme.

33. ★☆☆ Observa aquestes imatges i justifica el tipus de meteorització predominant que mostra cadascuna. Indica si es tracta d'una meteorització física o química.

34. ★★☆ Explica en què consisteix el despreniment i l'abrasió. Quant a les imatges de l'activitat anterior, en quina d'aquestes imatges predomina l'abrasió? On creus que seran més habituals els despreniments?

— En quin dels tres paisatges anteriors l'erosió serà més intensa? En quin serà menys efectiva? Justifica la resposta.

35. ★☆☆ Classifica els processos següents segons que es tracti d'un procés d'abrasió o de despreniment:

— La sorra suspesa en l'aire desgasta les roques sobre les quals impacta.

— La neu acumulada en un pendent llisca i arrossega roques i arbres.

— El corrent d'aigua forma marmites de gegant en els congosts.

36. ★☆☆ Indica si les afirmacions següents sobre el transport de substàncies són vertaderes o falses. Corregeix les errònies.

a) La saltació és un exemple de transport químic de substàncies.

b) Les partícules més grans s'acostumen a desplaçar rodant o arrossegades pel corrent.

c) Quan les partícules impacten contra el sòl, reboten i tornen a caure, es diu que són transportades per suspensió.

d) La majoria dels mètodes de transport són físics.

37. ★☆☆ Quan sedimentarà un material transportat pel vent o per l'aigua?

38. ★★☆ Observa les imatges, i utilitza l'exemple del torrent per a explicar en què consisteix la sedimentació sobtada, i el del riu per a explicar la sedimentació gradual.

39. ★★☆ Què és una conca de sedimentació?

— Els paisatges reflectits en les fotografies de l'activitat anterior, es poden considerar conques sedimentàries? Argumenta la resposta.

— Descriu altres llocs que es puguin considerar conques de sedimentació.

— On es localitzen les conques sedimentàries més grans del planeta?

Activitats finals

40. ★☆☆ Completa una taula com la següent amb les característiques de cada tram o curs diferenciat del riu:

	Curs Alt	Curs Mitjà	Curs Baix
Velocitat de l'aigua			
Pendent del terreny			
Agent geològic dominant			
Formes de relleu característiques			

41. ★☆☆ Dibuixa l'esquema d'un torrent i identifica la conca de recepció, el canal de desguàs i el con de dejecció. Indica en quina part predomina l'erosió, el transport i la sedimentació.

42. ★★☆ A quines formes de relleu corresponen aquestes fotografies?

— Explica, en cada cas, quin procés i agent les han originat i com s'han format.

43. ★★☆ D'on procedeixen les aigües subterrànies? Explica com es forma un aqüífer.

— Esbrina els tipus de roca més adequats per a formar un aqüífer: les pissarres i els granits, o bé els gresos i les calcàries. Justifica la resposta.

44. ★☆☆ Descriu què és el nivell freàtic d'un aqüífer.

— Després d'unes intenses precipitacions, com hauria de ser el nivell freàtic d'un aqüífer, elevat o baix? I després d'un llarg període de sequera?

45. ★★☆ Explica què és una glacera i quines parts té.

— Com es distingeix una vall originada per l'acció geològica d'un riu de la que s'ha format per una glacera?

— En quins llocs de la península Ibèrica creus que es localitzen valls d'origen glacial? Busca una fotografia d'una vall glacial espanyola i indica'n el nom i la localització.

46. ★★☆ Observa la imatge que representa el relleu característic del modelat càrstic i identifica'n les estructures següents: columna, engolidor, galeria, avenc, estalagmita, estalactita, caverna, surgència i dolina.

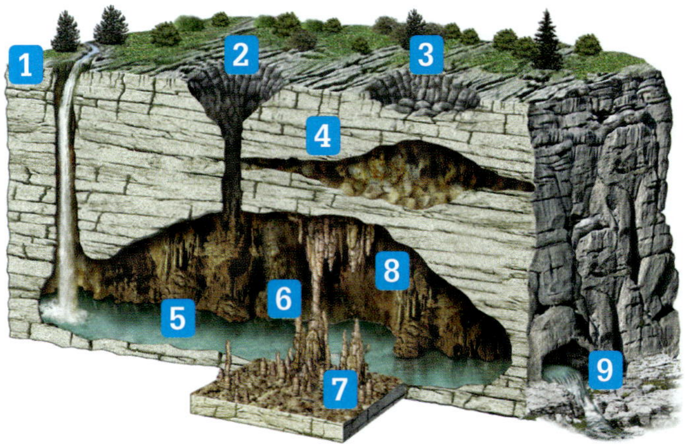

— Quin agent geològic ha intervingut en la formació d'aquest tipus de relleu?

— Quines característiques ha de mostrar el terreny perquè s'origini aquest modelat?

47. ★☆☆ Relaciona els conceptes de les dues columnes.

Conca de recepció	
Delta	• Glacera
Xaragalls	
Vall en forma d'U	
Estalagmita	• Torrent
Aqüífers	
Morrena	
Con de dejecció	• Aigües d'escolament
Gruta	
Canal de desguàs	• Riu
Xemeneies de les fades	
Meandres	• Aigües subterrànies
Estalactita	
Vall en forma de V	

48. ★★☆ Quin procés geològic duen a terme les ones, els corrents marins i les marees? Respon aquesta pregunta aplicant la **tècnica cooperativa** *Estructura 1-2-4*. Per a fer-ho, distribuïu-vos en grups de quatre persones. A continuació, primerament, penseu quina és la resposta a la pregunta anterior de manera individual, i després, per parelles, intercanvieu les respostes i comenteu-les per tal d' arribar a una conclusió comuna. Finalment, tot el grup ha de dir quina és la resposta més adequada a la pregunta plantejada.

Activitats finals

49. ★★☆ Observa aquests dibuixos i explica com té lloc en els penya-segats la reculada de la línia de costa.

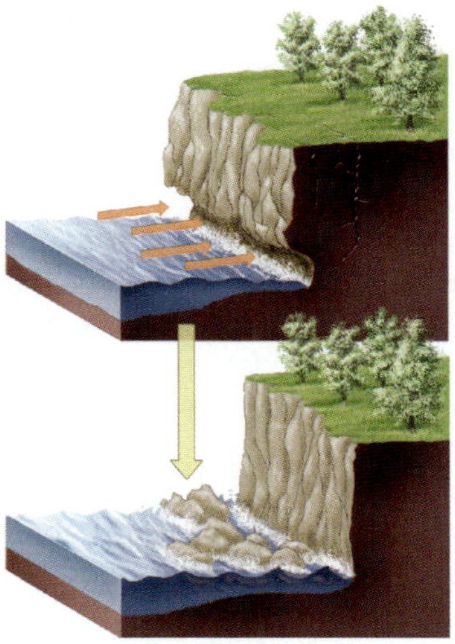

— Qui és el màxim responsable d'aquest procés, els corrents marins, les ones o les marees?

— Investiga com s'anomena la superfície agresta situada a la base del penya-segat.

— On es dipositen els materials erosionats?

PBL

En la vostra població, s'ha organitzat un concurs fotogràfic per a fomentar el coneixement i la protecció dels paratges naturals del municipi. La temàtica pot ser qualsevol de l'àmbit de les ciències naturals.

Aprofitant aquesta oportunitat, el professor de Geologia del vostre centre escolar us ha proposat participar en el concurs amb fotografies que mostrin les petjades en el paisatge dels processos i agents geològics externs.

— Feu diverses fotografies per a il·lustrar els relleus característics de la vostra localitat.

— Per a cada fotografia, indiqueu:

- El nom del lloc fotografiat.
- L'estructura o el relleu que es mostra.
- El procés i l'agent geològic extern que hi està implicat.
- Una breu descripció de com s'ha generat el relleu o l'estructura.

— Podeu elaborar una presentació amb les imatges obtingudes i la informació recopilada.

Per a completar l'activitat, podeu consultar l' enllaç següent:

http://links.edebe.com/ic5

50. ★★☆ Per què en el desert el principal agent geològic és el vent?

51. ★☆☆ Consulta l'animació que apareix en l'enllaç següent i descriu el procés de formació de les dunes costaneres:

@

http://links.edebe.com/tbbens

— Quin és el paper de la vegetació en la fixació de les dunes?

52. ★☆☆ Enumera cinc activitats humanes que modifiquen el relleu o que alteren l'acció dels agents geològics externs, i explica breument en què consisteix la modificació realitzada.

53. ★★☆ Al nostre país és freqüent el relleu o paisatge granític en el qual, per efecte de la meteorització de roques granítiques, es formen estructures característiques com ara els doms, els caos de boles i les pedres oscil·lants. En grups reduïts, investigueu com es forma aquest tipus de relleu i en què consisteix cadascuna de les estructures citades. Redacteu un breu resum amb la informació recaptada i il·lustreu-lo amb imatges de cadascuna de les estructures estudiades.

54. ★★☆ El juny de 2013 unes pluges torrencials caigudes sobre la Vall d'Aran, al Pirineu, van provocar inundacions que van causar grans danys econòmics. En grups reduïts, consulteu el reportatge i responeu aquestes preguntes:

@

http://links.edebe.com/vp3ag

— Quin riu ha ocasionat la inundació d'aquest territori?

— Explica quines van ser les causes que van portar a les importants inundacions de la Vall d'Aran. Creus que es podria repetir una situació similar?

— És recomanable netejar les lleres d'un bosc de ribera perquè l'aigua no trobi obstacles en baixar? Justifica la resposta.

— Quin tipus d'inundacions podem distingir a Catalunya?

— Analitzeu si en la vostra població (o municipi) existeix cap àrea amb risc d'inundació. Si la resposta és afirmativa, pregunteu als vostres pares o acudiu a l'hemeroteca per a documentar-vos sobre les últimes inundacions greus que hi han tingut lloc. Anoteu quan van succeir, quins danys van ocasionar i les mesures que es van prendre per a evitar que es reproduïssin els fets en anys posteriors.

Posa a prova les teves competències

1. El text següent tracta sobre l'impacte que provoquen les inundacions. Llegeix-lo i fes les activitats que es plantegen a continuació.

D'entre tots els riscos naturals que ocorren al món, les inundacions són els desastres més recurrents i els que més danys econòmics ocasionen. S'ha calculat que representen el 30 % de la totalitat dels desastres naturals, i que provoquen el 20 % de les víctimes i el 30 % de les pèrdues econòmiques. S'ha avaluat que, de mitjana, cada any uns 150 milions de persones es veuen afectats per inundacions, arribant a més de 10 000 el nombre de morts i a 20 000 milions de dòlars els danys produïts.

Els últims estudis han estimat que des de fa sis dècades el nombre de grans inundacions s'ha multiplicat per 4 i el de les pèrdues econòmiques ocasionades, per 8. Les causes que provoquen aquest increment dels danys són majoritàriament antròpiques: el creixement de ciutats en les planes d'inundació dels rius, la falta de regulació dels terrenys inundables, la desforestació, l'increment d'infraestructures al llarg dels marges dels rius, la canalització dels cursos d'aigua, la falta de sistemes de prevenció d'avingudes o l'absència de plans d'emergència en serien les causes més destacables.

A continuació, es mostren dues taules que recullen els danys econòmics produïts per les inundacions i el nombre de víctimes que causen, de mitjana, cada any:

Víctimes	Països
0-10	Argentina, Brasil, Canadà, Irlanda, Itàlia, Holanda, Àfrica del Sud, Suècia
10-20	Espanya, França
50-100	Indonèsia, EUA
100-150	Japó
>150	Corea (250), Bangladesh*(200), Índia (1 500), Xina (2 000-3 000)

* Inclou només els morts a causa de les avingudes en els rius.

Font: http://hispagua.cedex.es

País	Danys (en milions $ per any)
Brasil, França, Irlanda, Àfrica del Sud, Suècia	< 10
Argentina	30
Romania, Canadà	100
Bangladesh*	135
Holanda	150
Índia	240
França	420
Corea	500
Espanya	600
Itàlia	800
Xina	3 000
EUA	3 400
Japó	7 200

* Únicament inundacions causades pels rius.

1.1. Analitza la informació que apareix en les taules. En quin continent es produeixen més morts per inundacions? En quin es produeixen més pèrdues econòmiques?

— Anota les dades de víctimes mortals i de pèrdues econòmiques al Japó, l'Índia, la Xina i els EUA. Fixa't en el cas de l'Índia i el Japó, i explica les diferències que observes entre tots dos. Quina en pot ser la causa?

1.2. Els científics han calculat que, en l'actualitat, les pèrdues econòmiques ocasionades per les inundacions són superiors que en segles passats. Quines creus que són les raons per les quals avui dia les pèrdues són més elevades?

— En les properes dècades, com creus que afectarà el canvi climàtic en el risc d'inundacions? I, pel que fa als danys que s'ocasionaran, penses que seran superiors o similars als actuals? Justifica la resposta.

1.3. Per a fer front a les inundacions, els embassaments i les preses tenen una funció rellevant. Quina creus que és?

— Explica per què, en detectar-se un possible risc d'inundació, s'acostumen a desembassar grans quantitats d'aigua dels embassaments de la conca hidrogràfica afectada.

2. **El mapa següent mostra l'extensió del delta de l'Ebre a partir de la dècada de 1950, mentre que la taula reflecteix les dades del nombre d'embassaments de la conca de l'Ebre i el cabal mitjà del riu:**

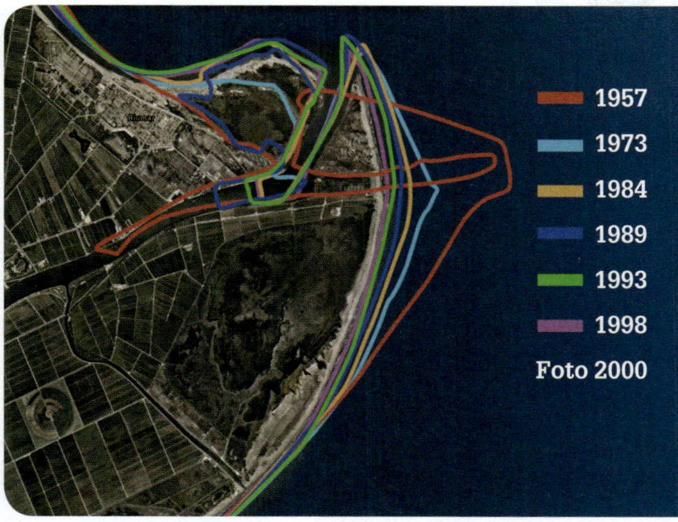

Període de temps	Nombre total d'embassaments	Cabal en hm³/any
1960-1969	161	18286,7
1970-1979	170	15507,7
1980-1989	187	9574,1
1990-1999	207	8253,8
2000-2008	214	8832,0

2.1. Observa el mapa i explica l'evolució de l'extensió del delta a partir de la dècada de 1950.

2.2. Com evoluciona el nombre d'embassaments i el cabal del riu des de 1950? Quines conseqüències comporta aquest fet pel que fa a la superfície del delta?

— Aquest esquema mostra com s'acumulen els sediments en els embassaments amb el pas dels anys. Dedueix per què en créixer el nombre d'embassaments de la conca de l'Ebre es redueix la superfície del delta.

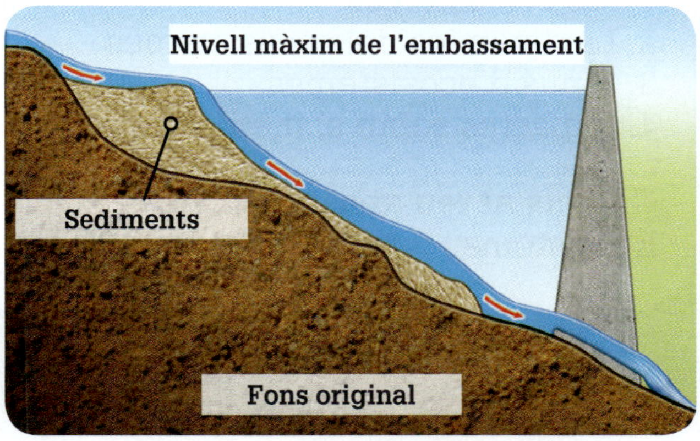

— Explica quins agents geològics participen en l'erosió del delta i en el transport i sedimentació dels materials que el conformen.

2.3. Una reducció del cabal de l'Ebre provoca que el tram final del riu es vegi afectat per un procés de salinització, consistent en l'entrada d'aigua marina fins a 25 km riu amunt des de la desembocadura. Aquest fenomen, que s'anomena intrusió salina, provoca canvis en la fauna del riu i salinitza els aqüífers. Justifica per què en l'actualitat el nivell de salinització del riu és superior al que existia fa cinc dècades.

— Explica per què als pobles situats en el delta de l'Ebre, a menys de 25 km de la desembocadura, ja no es poden pescar lluços de riu i perques, dues espècies molt freqüents en aquest riu.

2.4. Analitza els avantatges i els inconvenients que comporta disposar de preses i embassaments al llarg del curs d'un riu.

Diari d'aprenentatge

Reflexiona

— Què t'ha resultat més fàcil, entendre en què consisteixen els processos geològics externs o identificar els agents que els duen a terme?

— Creus que és interessant saber quins agents geològics són els responsables del paisatge que t'envolta?

— Dels continguts de la unitat referits als riscos geològics, quins creus que et poden ser útils en la teva vida quotidiana?

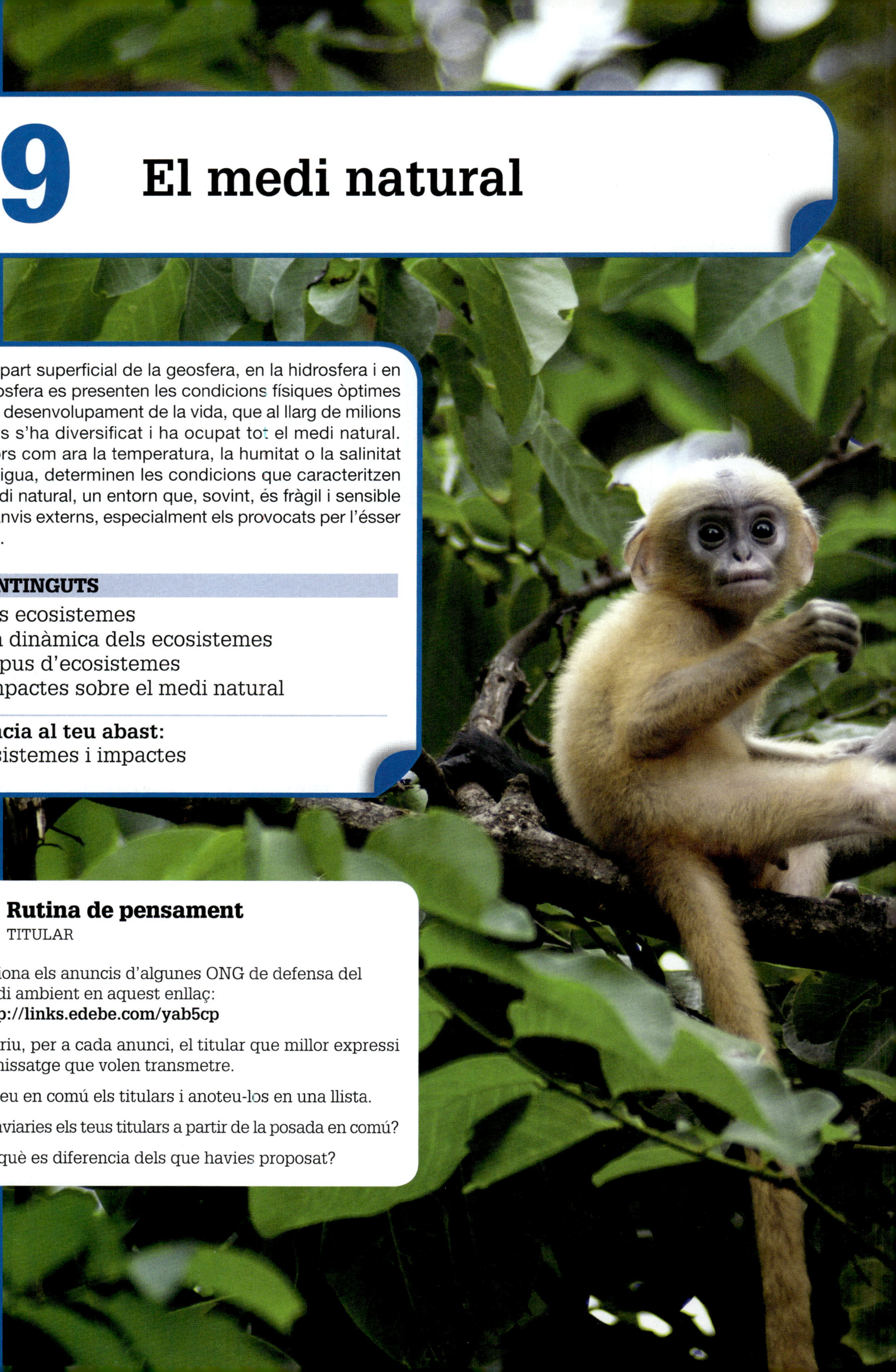

9 El medi natural

En la part superficial de la geosfera, en la hidrosfera i en l'atmosfera es presenten les condicions físiques òptimes per al desenvolupament de la vida, que al llarg de milions d'anys s'ha diversificat i ha ocupat tot el medi natural. Factors com ara la temperatura, la humitat o la salinitat de l'aigua, determinen les condicions que caracteritzen el medi natural, un entorn que, sovint, és fràgil i sensible als canvis externs, especialment els provocats per l'ésser humà.

CONTINGUTS

1. Els ecosistemes
2. La dinàmica dels ecosistemes
3. Tipus d'ecosistemes
4. Impactes sobre el medi natural

Ciència al teu abast:
Ecosistemes i impactes

Rutina de pensament

TITULAR

- Visiona els anuncis d'algunes ONG de defensa del medi ambient en aquest enllaç: **http://links.edebe.com/yab5cp**
- Escriu, per a cada anunci, el titular que millor expressi el missatge que volen transmetre.
- Poseu en comú els titulars i anoteu-los en una llista.
- Canviaries els teus titulars a partir de la posada en comú?
- En què es diferencia dels que havies proposat?

Ramón Margalef

Fundador de l'ecologia moderna, ha estat un dels científics espanyols més influents del segle XX.

Va destacar per l'aplicació de models matemàtics en l'estudi dels poblacions i les successions ecològiques, treballs pels quals va obtenir un gran reconeixement internacional.

L'any 1967 va ocupar la primera càtedra d'ecologia d'Espanya.

1. Els ecosistemes

L'ecologia és la ciència que s'ocupa de l'estudi del medi natural, en concret de les característiques dels éssers vius i les del medi on habiten, així com les relacions que estableixen els éssers vius entre ells i amb el seu entorn.

La part de la Terra on és desenvolupa la vida constitueix la biosfera. Per a facilitar l'estudi de la biosfera, és defineixen porcions més petites, amb característiques pròpies, que s'anomenen ecosistemes.

Un **ecosistema** és el conjunt d'éssers vius que viuen en una porció de la biosfera, l'entorn físic en el qual viuen i les relacions que s'estableixen entre tots ells. El conjunt de tots els ecosistemes del planeta s'anomena ecosfera.

Per a definir un ecosistema, cal conèixer-ne els components:

El **biòtop** està constituït pel medi físic de l'ecosistema i les condicions ambientals que el caracteritzen.

La **biocenosi** és el conjunt dels éssers vius que habiten en un determinat ecosistema.

L'**ecosistema** és la suma del **biòtop,** la **biocenosi** i les **relacions** que s'estableixen entre ells.

1.1. El biòtop

Els components que constitueixen el biòtop són el **medi** i els **factors abiòtics.**

El medi

El medi és el lloc físic en el qual habiten els éssers vius d'un ecosistema i amb què estableixen els intercanvis de matèria i energia. El medi pot ser aquàtic i terrestre.

- En **el medi aquàtic**, l'aigua conté els nutrients i els gasos que els éssers vius utilitzen per a la seva nutrició.
- El **medi terrestre** és localitza en la superfície dels continents i limita amb l'atmosfera, que al seu torn proporciona els gasos necessaris per als éssers vius.

medi aquàtic

medi terrestre

Els factors abiòtics

Són els factors físics i químics que determinen les condicions ambientals del biòtop. Els factors abiòtics més importants són:

La llum

És la font principal d'energia dels ecosistemes. La seva presència condiciona la distribució dels organismes fotosintètics en el medi.

L'aigua

És indispensable per a la vida perquè el funcionament de les cèl·lules en tots els organismes necessita aigua.

La temperatura

La temperatura mitjana i l'amplitud entre les temperatures màximes i mínimes determinen les espècies que poden viure en un ecosistema.

La salinitat

És un factor molt important en els medis aquàtics. Segons la concentració de sals, es parla d'aigua dolça o aigua salada.

1.2. La biocenosi

Els organismes que habiten en un ecosistema constitueixen la **biocenosi.** El conjunt dels éssers vius d'una mateixa espècie que formen part d'una biocenosi constitueixen una **població.**

Cada població ocupa un determinat **hàbitat,** un espai físic on es localitzen les condicions més adequades per a sobreviure. A més de l'hàbitat, cada espècie presenta un **nínxol ecològic,** que està relacionat amb el recurs que aquesta espècie explota en l'ecosistema; per exemple, l'oreneta és un au diürna que s'alimenta d'insectes (insectívora); el musclo, un animal filtrador i la falguera, un organisme fotosintetitzador.

Experimenta

Estimació de la mida d'una població

Per a calcular la mida de les poblacions en el seu hàbitat natural s'utilitzen mètodes d'estimació. En aquesta activitat n'aplicarem un per a estimar el nombre de cigrons d'un pot sense necessitat de comptar-los. Per a fer-ho:

— En un pot, afegeix entre 50 i 100 cigrons.

— Extreu 20 cigrons (N_1) a l'atzar i marca'ls amb un retolador. Retorna'ls al recipient i barreja'ls.

— Extreu uns altres 20 cigrons (N_2) a l'atzar i compta els que estan marcats (N_3) de l'extracció anterior.

— Per a extrapolar la mida de la població s'aplica la fórmula següent:

$$\text{Mida de la població} = (N_1 \cdot N_2)/N_3$$

— Pots repetir l'experiment amb un altre nombre diferent de cigrons.

Activitats

1. Investiga algunes adaptacions de les plantes per a aconseguir prou llum, per a sobreviure en ambients àrids i per a suportar baixes temperatures. Pots consultar aquesta web: **http://links.edebe.com/397n**

— Redacta un breu informe en el qual expliquis dues adaptacions de cada tipus.

2. Què representen els cigrons de l'experiment anterior? I la primera i segona extracció? Quina utilitat creus que té aquest mètode d'estimació? Posa'n un exemple de la utilització.

Les relacions tròfiques

Els organismes que formen la biocenosi interactuen entre si i amb el medi contínuament. Les relacions que s'estableixen entre diferents espècies o **interespecífiques** i o entre individus de la mateixa espècie o **intraespecífiques,** són essencials per a la supervivència de la població.

Relacions interespecífiques

Depredació

Una espècie, el **depredador,** en captura una altra, la **presa.**

Les preses desenvolupen estratègies per a sobreviure davant els depredadors i aquests, unes altres per millorar la caça.

Ex.: tonyina i sardines.

Parasitisme

Una espècie, el **paràsit,** s'alimenta a costa d'un altre, l' **hoste,** al qual perjudica.

Els paràsits poden causar malalties en l'hoste.

Ex.: paparra i vaca.

Simbiosi

És una relació beneficiosa entre dos organismes o **simbionts.** En alguns casos, com en els líquens, la dependència entre tots dos és tan gran que no poden viure separats.

Ex.: alga i fong.

Comensalisme

Una espècie, el **comensal,** s'alimenta de les restes de menjar d'una altra espècie sense causar-li cap perjudici.

Ex.: tauró i peix netejador.

Inquilinisme

Una espècie, l'**inquilí,** es refugia en una altra, o en alguna resta d'ella, sense causar-li cap dany.

Ex.: cranc ermità i closca buida de cargol.

Relacions intraespecífiques

Gregarisme

Grup d'individus que viuen i es desplacen junts durant un temps determinat amb la finalitat de millorar la caça o protegir-se dels depredadors.

Ex.: ramat de nyus en migració.

Associacions familiars

Grup d'individus d'una mateixa família que viuen junts o que es mantenen junts per a protegir-se dels depredadors, cuidar les cries, buscar aliment, etc.

Ex.: família de ximpanzés.

Associacions socials

Grup d'individus que viuen junts i en els quals existeix una divisió del treball associada a diferències en el seu aspecte.

Ex.: eixam d'abelles.

Colonialisme

Grup d'organismes que provenen d'un mateix progenitor i es mantenen units.

Ex.: coralls.

La **competència** és una altra relació entre organismes que es pot establir-se entre individus d'una mateixa espècie o també entre espècies diferents. Per exemple, en època de cria, les gavines que han de compartir el territori per a niar competeixen per l'espai amb individus de la seva mateixa espècie. Un cas de competència entre espècies és la que s'estableix entre el cranc americà i el cranc autòcton: tots dos competeixen pel mateix tipus d'hàbitat i aliment.

Activitats

3. Explica el tipus de relació que s'estableix entre:

- Un ocell i l'arbre en el qual nia.
- El fonoll i la llebre.
- El sotabosc i els arbres de copa densa.
- Un virus i el seu hoste.

4. El mussol comú i el xoriguer comú són dues aus que comparteixen territori. Investiga quin és el seu hàbitat, de què s'alimenten i quina característica distingeix els seus nínxols ecològics. Pots consultar aquest web: **http://www.ornitologia.org/ca/**

2. La dinàmica dels ecosistemes

En un ecosistema les relacions que s'estableixen entre les diferents poblacions són complexes i variades. Destaquen les relacions tròfiques, que són les relacionades amb els processos de nutrició.

En funció de l'origen de la matèria de la qual es nodreixen els organismes, es distingeixen tres **nivells tròfics** diferents:

Productors

Són organismes autòtrofs, principalment fotosintètics, que poden sintetitzar la seva pròpia matèria orgànica a partir d'energia i compostos inorgànics. Alguns grups de bacteris, les plantes i les algues són productors.

Consumidors

Són organismes heteròtrofs que s'alimenten de matèria orgànica procedent d'altres éssers vius. Es distingeixen els **consumidors primaris** (herbívors), els **consumidors secundaris** (carnívors) i els **consumidors terciaris** (supercarnívors).

Descomponedors

Són heteròtrofs i s'alimenten de restes de matèria orgànica, la descomponen i eliminen matèria inorgànica. Aquesta queda disponible en l'aigua o en el sòl perquè els productors la tornin a utilitzar. Alguns grups de bacteris i els fongs són organismes descomponedors.

La matèria i l'energia es transmeten al llarg dels nivells tròfics mitjançant les relacions tròfiques:

La radiació solar és el motor de la fotosíntesi.

La matèria passa d'un nivell tròfic al superior per mitjà de l'alimentació. Aquest procés incorpora l'energia química continguda en els nutrients.

La porció d'energia que passa d'un nivell tròfic al superior és del 10 %. La resta es dissipa i es perd en forma de calor.

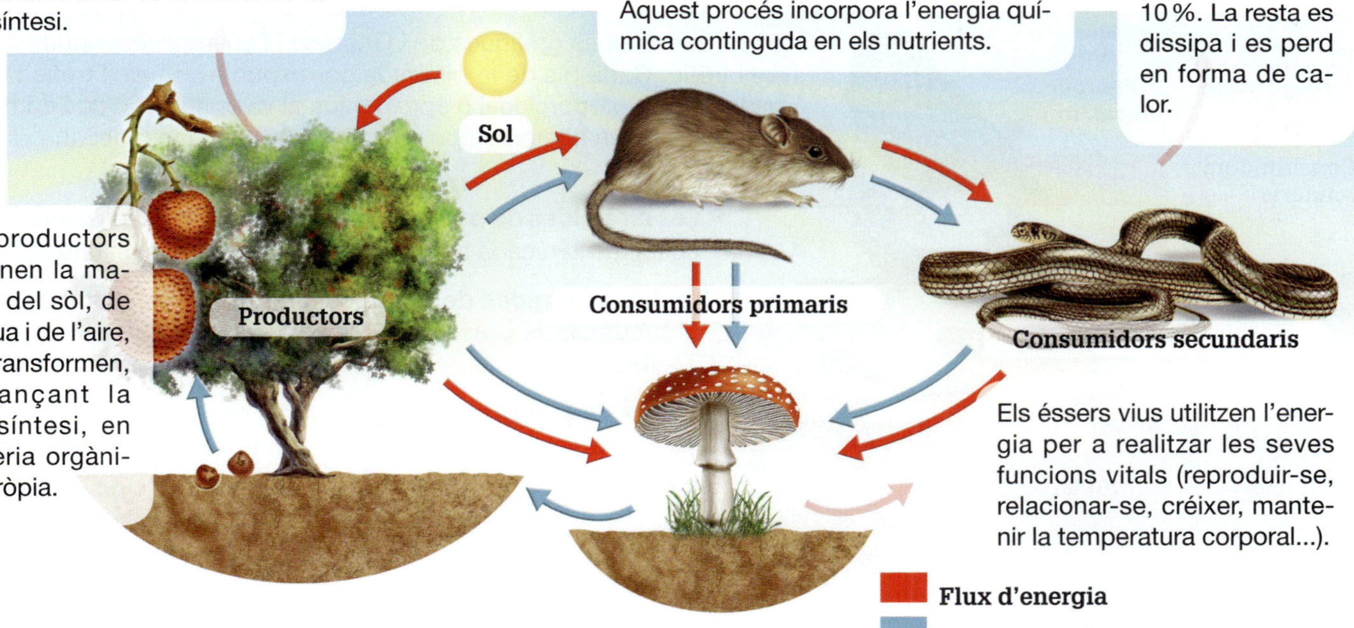

Els productors obtenen la matèria del sòl, de l'aigua i de l'aire, i la transformen, mitjançant la fotosíntesi, en matèria orgànica pròpia.

Els éssers vius utilitzen l'energia per a realitzar les seves funcions vitals (reproduir-se, relacionar-se, créixer, mantenir la temperatura corporal...).

L'activitat dels descomponedors permet que la matèria que circula per l'ecosistema torni al medi.

El **cicle de la matèria** és el pas de la matèria d'un nivell tròfic al següent i el seu posterior retorn al medi per a ser utilitzada una altra vegada pels productors.

El **flux d'energia** descriu la circulació de l'energia en l'ecosistema des dels productors fins als nivells tròfics superiors i el seu progressiu alliberament a l'ambient en forma de calor.

2.1. Cadenes, xarxes i piràmides tròfiques

Les relacions tròfiques que es produeixen en un ecosistema es poden representar gràficament mitjançant les cadenes i les xarxes tròfiques.

- Les **cadenes tròfiques** són representacions lineals de diferents organismes que s'alimenten els uns dels altres, començant pels productors i seguit d'un o diversos consumidors. El sentit de la fletxa va d'una espècie a la que s'alimenta d'ella.
- Les **xarxes tròfiques** són representacions de diferents cadenes tròfiques interconnectades entre si:

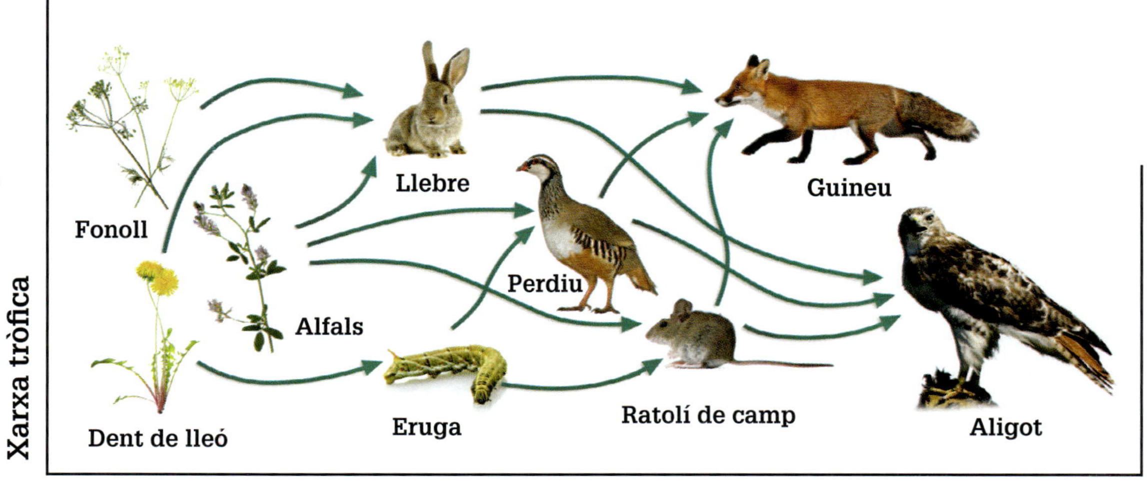

Les piràmides tròfiques

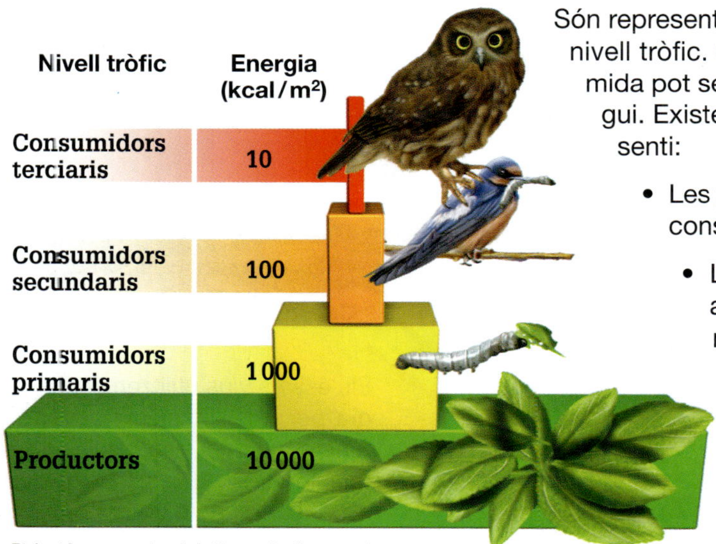

Piràmide proporcional de l'energia d'un ecosistema

Són representacions gràfiques de la matèria i l'energia continguda en cada nivell tròfic. Cada pis de la piràmide correspon a un nivell tròfic i la seva mida pot ser proporcional o aproximada al valor numèric que correspongui. Existeixen diferents tipus de piràmides en funció del que es representi:

- Les **piràmides de població** indiquen la quantitat d'éssers vius que constitueixen cada nivell tròfic. S'expressen en unitats.
- Les **piràmides de biomassa** mostren la quantitat de matèria acumulada present en cada nivell tròfic. S'expressen en g/m^2.
- Les **piràmides d'energia** representen la quantitat d'energia que disposa cada nivell tròfic. S'expressen en kcal/m^2 per any.

Activitats

5. Observa la xarxa tròfica i identifica:

- Els organismes de cada nivell tròfic.
- La cadena tròfica més llarga.
- L'aliment de la perdiu.

6. Què succeiria si en la xarxa tròfica representada desapareguessin les guineus i els aligots?

7. Dibuixa una piràmide de població aproximada a partir d'aquestes dades: productors 5 000; consumidors primaris 50 i consumidors secundaris 5.

- Podria ser estable un ecosistema si la població de consumidors primaris fos de 10 i els consumidors secundaris, 1 000? Argumenta la resposta.

2.2. Estabilitat dels ecosistemes

Els ecosistemes estan sotmesos a canvis constants, resultat de les interaccions entre els éssers vius i el seu entorn. Ara coneixerem les fluctuacions i les successions, dos dels processos que afecten l'estabilitat dels ecosistemes.

Les fluctuacions

Són les variacions del nombre d'individus d'una població al llarg del temps. Les fluctuacions poden estar causades per moltes causes. Les principals són:

- Canvis ambientals accidentals, com ara un període de sequera, o estacionals, com les migracions.
- La relació entre el depredador i la presa.

La relació entre depredador i presa

La població de depredadors és més petita que la de les preses i en un ecosistema estable la població de tots dos es manté en equilibri.

Quan canvia sensiblement el nombre de preses, la població de depredadors reaccionarà en el mateix sentit; si és la població de depredadors la que canvia, en la població de preses es produeix l'efecte contrari.

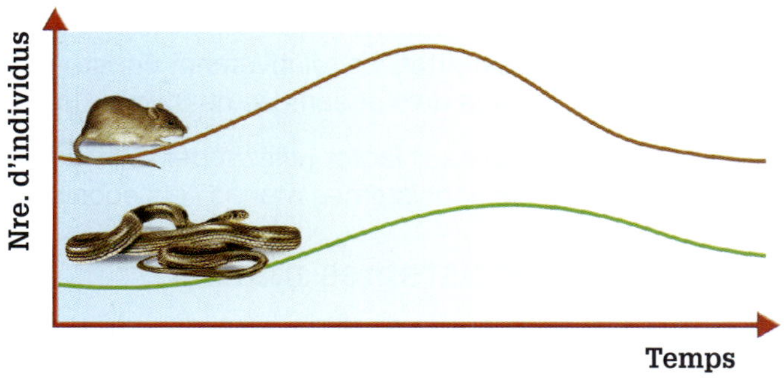

En augmentar el nombre de depredadors, el nombre de preses descendeix perquè augmenten les captures.

Si augmenta el nombre de preses, als depredadors els serà més fàcil alimentar a les seves cries i creixerà la població de depredadors.

En disminuir les preses, els depredadors tenen dificultats per a alimentar-se i en decreix la població.

Les successions

Una successió comporta l'ocupació d'un ecosistema per part d'espècies que abans no es trobaven en aquest ecosistema. Segons les causes que provoquen les successions, distingim entre successions primàries i secundàries:

- **Successions primàries.** S'inicia l'ocupació d'un territori sense colonitzar, per exemple una roca despresa o una colada de lava.
- **Successions secundàries.** El procés d'ocupació s'inicia sobre un territori prèviament ocupat per una biocenosi, però que ha estat eliminada totalment o parcialment; per exemple, un camp de cultiu abandonat o un bosc després d'un incendi.

Les successions són possibles perquè moltes espècies tenen la capacitat de dispersar-se i colonitzar nous territoris, com els líquens, les plantes o molts bacteris. Les espècies que inicien les successions s'anomenen **pioneres.**

Successió primària

Successió secundària

Activitats

8. Explica amb un exemple la relació que s'estableix entre les preses i els depredadors.

9. Busca informació i esbrina quins éssers vius poden ser els pioners en una colada de lava que ja s'ha refredat.

10. Consulta el vídeo següent sobre successions:

@ **http://links.edebe.com/tya**

— En l'exemple del vídeo, l'ecosistema del bosc s'assoleix abans en la successió secundària que en la primària. Quines poden ser les raons?

3. Tipus d'ecosistemes

La Terra mostra una gran diversitat d'ecosistemes que es poden agrupar en dues grans categories: ecosistemes aquàtics i terrestres. Al seu torn, el sòl també pot ser considerat i estudiat com un ecosistema.

3.1. Els ecosistemes aquàtics

Les principals característiques del biòtop d'un ecosistema aquàtic són:

- **La llum.** La llum solar s'atenua en penetrar dins l'aigua. En aigües molt transparents, la profunditat màxima que assoleix la llum és d'uns 200 m.
- **La temperatura.** Disminueix amb la profunditat i varia segons l'estació. En els medis aquàtics, l'oscil·lació tèrmica és més reduïda que en els medis terrestres.
- **La concentració d'oxigen dissolt.** Depèn de diversos factors com la temperatura de l'aigua, la profunditat i la biocenosi que l'habita.
- **La salinitat.** És relativament constant dins d'una massa d'aigua. La salinitat mitjana dels oceans és de 35 g/L i la de les aigües dolces, inferior al 0,5 g/L.

La salinitat és el factor utilitzat per a dividir els ecosistemes aquàtics en dos grans grups: els ecosistemes marins i els ecosistemes d'aigua dolça.

Els ecosistemes marins

Cobreixen el 71 % de la superfície de la Terra. Segons la proximitat a la costa i segons la seva profunditat distingim diversos estrats:

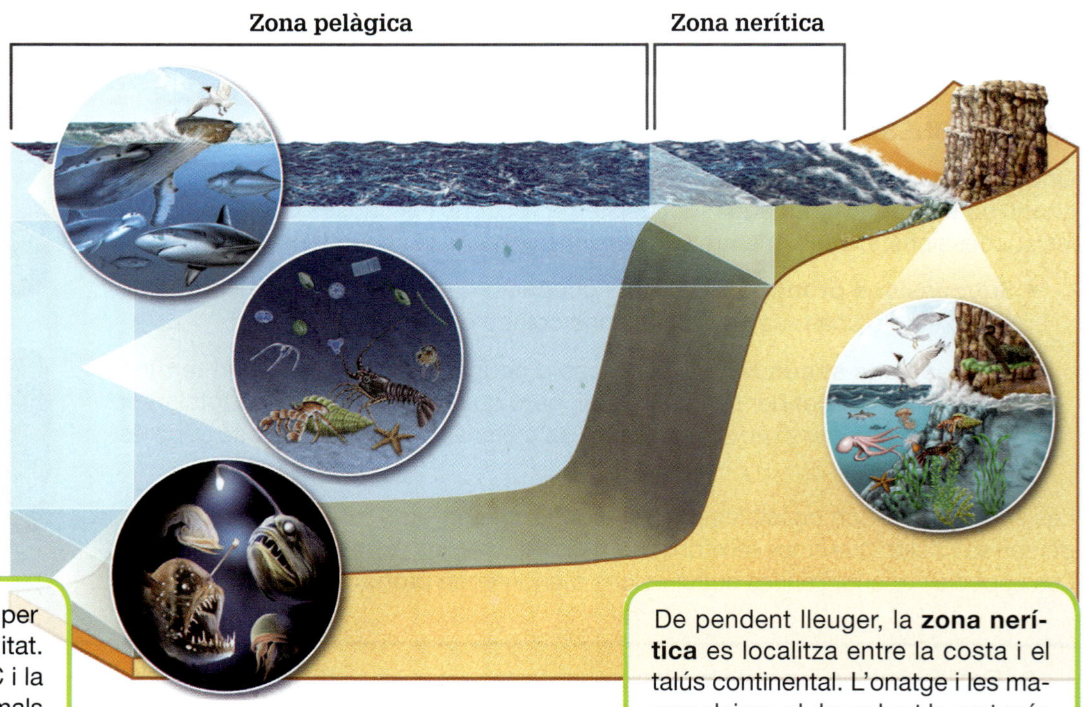

L'**estrat epipelàgic** és la franja superior de la zona pelàgica en la qual penetra la llum solar. Hi abunda el plàncton, una gran varietat de peixos, les aus aquàtiques i els cetacis.

L'**estrat batial** comprèn la franja situada des de l'estrat epipelàgic fins als 4 000 m de profunditat. No hi arriba llum i la temperatura és d'uns 4 °C. Hi predominen els mol·luscs i els equinoderms.

L'**estrat abissal** es localitza per sota dels 4 000 m de profunditat. La temperatura és d'uns 2 °C i la pressió molt elevada. Els animals s'alimenten de matèria orgànica que procedeix de capes superiors. Alguns animals són bioluminiscents.

De pendent lleuger, la **zona nerítica** es localitza entre la costa i el talús continental. L'onatge i les marees deixen al descobert la part més propera a la riba. Hi abunden les algues i els organismes subjectes a les roques, els peixos, mol·luscs, les aus i els mamífers aquàtics.

Els ecosistemes d'aigua dolça

Comprèn els ecosistemes de rius, llacs, llacunes i aiguamolls. En aquests ecosistemes, la llum arriba a tota la columna d'aigua i hi abunden plantes i algues, així com molts grups d'invertebrats, peixos, amfibis i aus.

Un dels factors determinants en aquests ecosistemes és la variació del cabal o de l'extensió inundada, que en ocasions es pot reduir de manera important en els períodes secs, especialment en rius, llacunes i aiguamolls.

A continuació, coneixerem com varien el biòtop i la biocenosi al llarg dels diferents trams d'un riu:

- El **curs alt.** L'aigua conté poca matèria orgànica i està molt oxigenada. Una fina pel·lícula de microorganismes cobreix les roques. Hi abunden insectes, crustacis, peixos i mamífers que necessiten aigües netes.
- El **curs mitjà.** L'aigua conté més matèria orgànica i disminueix la seva aportació d'oxigen. En el llit s'hi acumulen fangs i sorres en els quals hi viuen subjectes algues i plantes. Augmenta la diversitat d'insectes i de peixos.
- El **curs baix.** L'aigua conté molta matèria orgànica i no acostuma a estar tan neta com en el curs alt. En la desembocadura es barregen les aigües dolces amb les marines. Hi abunden els invertebrats, les aus aquàtiques, els peixos i els amfibis.

Curs alt.

Curs mitjà.

Curs baix.

3.2. El sòl com a ecosistema

El sòl és la capa superior de l'escorça terrestre, de gruix variable, formada a partir de la meteorització de les roques i de l'activitat dels éssers vius.

La formació del sòl és un procés lent que triga centenars d'anys i que es pot considerar una successió primària: en una roca s'inicia la meteorització i gradualment és colonitzada pels éssers vius, la interacció dels quals modifica les característiques físiques i químiques dels materials i els transforma en un sòl madur capaç de sustentar vegetació abundant.

Un sòl madur es pot considerar un ecosistema perquè s'hi distingeix un biotip i una biocenosi:

El **biòtop** consta d'un medi format per fragments de roques i minerals, aigua i aire. L'aire i l'aigua ocupen els espais buits entre els fragments sòlids. Les característiques que defineixen el biòtop del sòl són la naturalesa química del sòl, el grau d'humitat, l'acidesa (pH), la temperatura, etc.

La **biocenosi** està formada per organismes de tots els nivells tròfics: les plantes constitueixen el nivell dels productors; els invertebrats (principalment anèl·lids, insectes i aràcnids) i els vertebrats (petits mamífers i rèptils) són els consumidors; els fongs i els bacteris componen el nivell dels descomponedors.

La destrucció del sòl és un procés natural que es pot agreujar per la intervenció humana. En el cinquè apartat d'aquesta unitat tractarem les activitats antròpiques que destrueixen el sòl i com protegir-lo.

Per a ampliar els teus coneixements sobre la formació d'un sòl, pots consultar l'enllaç següent:

http://links.edebe.com/552

Activitats

11. Descriu com canvia la concentració de nutrients i d'oxigen en els cursos d'un riu.

12. Resumeix en una taula les característiques de la zona nerítica i dels estrats pelàgics dels ecosistemes marins.

13. Anota els noms d'alguns dels éssers vius que constitueixen la biocenosi del sòl i indica a quin nivell tròfic pertanyen. Què passaria si del sòl en desapareguessin tots els descomponedors?

3.3. Els ecosistemes terrestres: els biomes

Un **bioma** és una agrupació d'ecosistemes terrestres amb unes característiques comunes que constitueixen grans àrees de clima, vegetació i fauna molt semblants. Com en els ecosistemes, resulta difícil definir els límits entre biomes, ja que no estan separats per accidents naturals concrets, sinó per zones de transició que presenten característiques intermèdies. Els principals biomes són:

Taigà

Biòtop. Temperatura mitjana anual d'uns 0 °C amb hiverns molt llargs i freds, i estius curts i frescs. La precipitació és escassa.

Biocenosi. Abunden els boscos de pins boreals o avets, amb les fulles dures, en forma d'agulla, per a resistir les gelades. La fauna és molt variada: llops, rens, linxs, ducs blancs i llebres àrtiques.

Estepa

Biòtop. Temperatura mitjana anual entre 3 i 16 °C, amb gran oscil·lació tèrmica entre el dia i la nit, i també al llarg de l'any. Les pluges són moderades i irregulars, i provoquen períodes de sequera.

Biocenosi. Predominen les plantes herbàcies que es desenvolupen coincidint amb les pluges. Hi abunden els herbívors que recorren grans distàncies com el bisó i el cavall.

Bosc caducifoli

Biòtop. Temperatura mitjana anual entre 8 i 14 °C amb hiverns freds i estius temperats. Les precipitacions són abundants i regulars.

Biocenosi. Dominen els arbres de fulla caduca com el roure o el faig. La fauna és variada i algunes espècies emigren o hibernen, com l'ós bru i molts rosegadors.

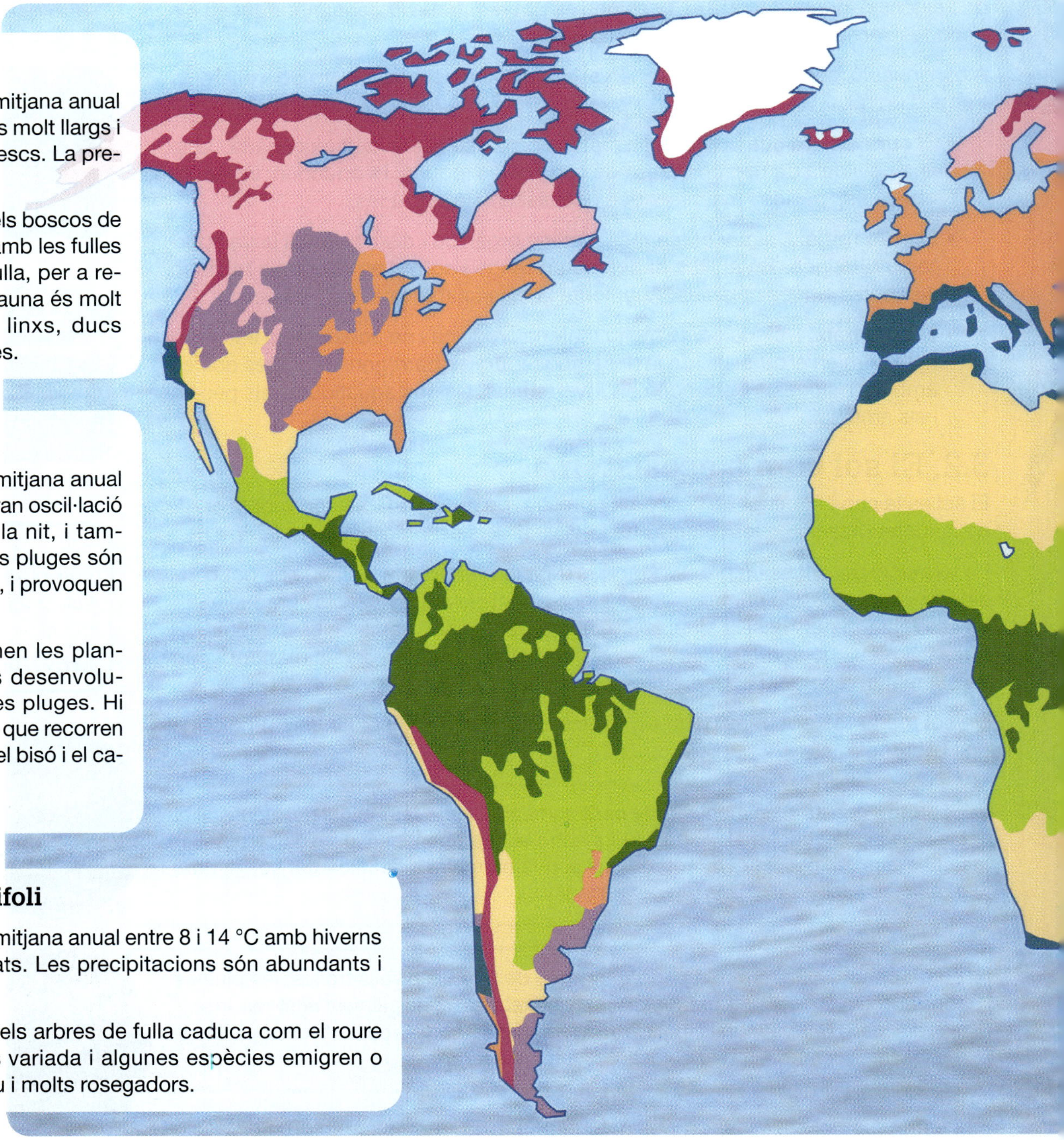

Activitats

14. Investiga i enumera algunes espècies d'animals i plantes que puguin formar part de la biocenosi del bosc caducifoli i del bosc mediterrani, respectivament. Hi ha espècies que coincideixen? Quines?

15. En quines regions del planeta es localitza el bioma de bosc mediterrani? Per què el trobem en llocs tan diversos i allunyats del Mediterrani?

16. Quines característiques comparteixen el biòtop de la tundra i la taigà? I el de la selva tropical i la sabana?

Tundra i alta muntanya

Biòtop. Temperatura mitjana anual inferior als 0 °C. Les precipitacions són escasses i tan sols en els mesos de l'estiu el sòl està lliure de neu.

Biocenosi. La vegetació està dominada per líquens i plantes de poca alçària, com les molses. Entre la fauna abunden els insectes, els rens, les guineus, les aus i el lèmming.

Bosc mediterrani

Biòtop. Temperatura mitjana anual entre 15 i 20 °C, amb hiverns suaus i estius calorosos. Les precipitacions són moderades, principalment a la primavera i tardor, i es produeix una sequera estival.

Biocenosi. Predominen els arbres i els arbustos de fulla perenne, petita i endurida, com l'alzina o la ginesta. La fauna és molt diversa: la cabra salvatge, el senglar, els rèptils, el conill i les aus rapaces.

Selva tropical

Biòtop. Temperatura mitjana anual entre 24 i 27 °C, amb poques oscil·lacions tèrmiques. Les precipitacions són molt abundants i regulars.

Biocenosi. La biodiversitat i la biomassa són de les més elevades del planeta. HI abunden grans arbres de moltes espècies i formen un bosc molt dens; les plantes enfiladisses grimpen a la recerca de la llum. La fauna és molt abundant: gran varietat d'invertebrats, rèptils i aus. Entre els mamífers destaquen el goril·la i l'orangutan.

Sabana

Biòtop. Temperatura mitjana anual d'uns 25 °C, amb poca oscil·lació durant l'any. Les precipitacions són abundants, però concentrades en una estació humida que s'alterna amb una estació seca.

Biocenosi. Predominen les extenses prades de plantes herbàcies, juntament amb alguns arbustos i arbres dispersos com l'acàcia o el baobab. Hi abunden els ramats d'herbívors (l'antílop i la zebra), els grans depredadors (el lleó i el guepard) i les espècies carronyeres (la hiena i el voltor).

Desert

Biòtop. Temperatura mitjana anual entre 20 i 30 °C, amb oscil·lacions molt elevades entre el dia i la nit. Les precipitacions són molt escasses i irregulars.

Biocenosi. La biomassa és molt reduïda. La vegetació està adaptada a l'escassetat d'aigua. La fauna és més activa durant la nit i predominen les coloracions clares. Abunden els rèptils, els camells, els corbs i els cangurs.

Activitats

17. Quin factor consideres més limitador a la selva tropical? I a la sabana? Justifica la resposta.

18. Investiga quines adaptacions mostren les plantes i els animals per a suportar altes temperatures i l'aridesa.

19. Elabora una taula amb les principals característiques dels diferents biomes. Analitza les temperatures mitjanes, el règim de pluviositat, el tipus de vegetació i anota alguns exemples de la fauna característica.

Segons l'àrea afectada, els impactes es poden classificar en locals, regionals i globals. El canvi climàtic és un exemple d'impacte global.

4. Impactes sobre el medi natural

Un **impacte ambiental** és l'efecte que produeix una activitat humana sobre els ecosistemes. L'impacte pot ser positiu o negatiu segons els resultats que s'obtinguin: són positius si provoquen una millora en el medi i negatius si el degraden.

En aquesta unitat, ens centrarem en els impactes negatius sobre l'atmosfera, la hidrosfera, el sòl i la generació de residus, així com les mesures preventives i correctores per a evitar o corregir aquests impactes.

Un dels impactes negatius que poden afectar qualsevol sistema és la contaminació. La **contaminació** és la introducció de qualsevol agent en el medi natural que n'alteri la composició i que impedeixi l'ús al qual estava destinat o el desenvolupament adequat dels éssers vius.

Les substàncies o agents que alteren el medi s'anomenen **contaminants.** Poden ser de naturalesa física (radiacions, llum, so), química (metalls, substàncies tòxiques) o biològiques (microorganismes capaços de produir malalties o alterar el medi natural).

Impactes sobre l'atmosfera

Moltes activitats humanes provoquen l'emissió de gasos i de partícules sòlides a l'atmosfera, i en modifiquen la composició natural. Com a resultat, descendeix la qualitat de l'aire. Els principals impactes negatius que afecten l'atmosfera són els següents:

Pluja àcida

Contaminant. Òxids de sofre i de nitrogen.

Fonts d'emissió. Combustió del carbó i d'altres combustibles fòssils.

Impacte. En contacte amb el vapor d'aigua atmosfèric, els òxids es transformen en àcids sulfúric i nítric. Les precipitacions que es generen són molt àcides, amb un pH inferior a 5.

Efectes. Perjudica la vegetació perquè ataca la superfície de les fulles i en danya els teixits, la qual cosa repercuteix negativament en el rendiment de la planta. També acidifica els llacs i perjudica la salut dels animals.

Destrucció de la capa d'ozó

Contaminant. Gasos clorofluorocarbonats (CFC).

Fonts d'emissió. Fugues en aparells de refrigeració, aerosols.

Impacte. En l'estratosfera, els CFC es descomponen i alliberen àtoms de clor que destrueixen l'ozó i provoquen un aprimament de la capa d'ozó, especialment en els pols.

Efectes. L'ozó filtra les radiacions ultraviolades, per la qual cosa la seva disminució facilita l'aparició del càncer de pell en els humans, provoca un descens de la productivitat dels ecosistemes i dificulta els processos de creixement i reproducció dels éssers vius.

Efecte hivernacle

Contaminant. Diòxid de carboni.

Fonts d'emissió. Utilització de combustibles fòssils en la indústria, la calefacció i el transport.

Impacte. L'augment del diòxid de carboni atmosfèric provoca un increment de l'efecte hivernacle.

Efectes. Augment de la temperatura global del planeta (escalfament global), que al seu torn provoca el desglaç dels pols i el consegüent augment del nivell del mar. També provoca canvis en els règims de pluges, que es preveuen més irregulars i amb més fenòmens tempestuosos i amb períodes llargs i acusats de sequera.

Activitats

20. Investiga la composició química de l'ozó i explica quina és l'acció dels CFC sobre aquest gas. Pots consultar la web **http://links.edebe.com/5x4**

21. Quines són les fonts d'emissió de contaminants que més impactes provoquen en l'atmosfera?

22. Amplia la informació sobre l'efecte hivernacle i redacta un petit informe: què és l'efecte hivernacle natural, quins gasos estan implicats i la influència que exerceix sobre el manteniment de la vida a la Terra.

Impactes sobre la hidrosfera

Dels diferents impactes que afecten la hidrosfera, estudiarem la contaminació, que altera la qualitat de l'aigua i que es produeix tant en la dels mars i oceans com en la dels continents. La contaminació de l'aigua està provocada per diversos factors. Vegem-ne els més importants:

Abocaments de petroli

Contaminant. Cru.

Fonts d'emissió. Accidents de petroliers, abocaments en els pous petrolífers, rentat dels tancs de combustible en alta mar.

Impacte. Marees negres.

Efectes. El cru forma una fina pel·lícula que impedeix que el plàncton realitzi la fotosíntesi i que sustenti tot l'ecosistema marí. També cobreix els cossos de mamífers i aus marines, i poden morir per hipotèrmia.

Si el cru arriba a la costa, es diposita en les roques i la sorra, i afecta a tota la fauna que hi habita. Així mateix, perjudica la pesca i el turisme.

Escalfament de l'aigua

Contaminant. Calor.

Fonts d'emissió. Centrals nuclears, tèrmiques i siderúrgies.

Impactes. Tornada de l'aigua al medi a una temperatura superior a la normal.

Efectes. Reducció de la quantitat d'oxigen dissolt en l'aigua, que pot comportar la mort per asfíxia dels organismes aeròbics.

Salinització dels aqüífers

Contaminant. Aigua marina.

Causa. Sobreexplotació dels aqüífers.

Impactes. Intrusió d'aigua marina en els aqüífers propers a la costa.

Efectes. Salinització de l'aigua, que pot deixar de ser apta per al reg i el consum.

Abocaments de residus

Contaminants. Metalls pesants, radioactivitat, organismes patògens, plàstics, components electrònics...

Fonts d'emissió. Indústries, centrals nuclears, mineria, agricultura i ramaderia, aigües residuals, llars.

Impactes. Disminució de la qualitat de l'aigua, que pot dificultar el desenvolupament de la biocenosi. En el cas de l'aigua dolça, aquesta pot deixar de ser apta per al consum i el regadiu.

Efectes. Mort per intoxicació de la fauna que habita o consumeix l'aigua, contaminació dels aqüífers, aparició d'epidèmies que es contagien per l'aigua, falta d'aigua potable per a la població.

Eutrofització

Contaminant. Matèria orgànica.

Fonts d'emissió. Residus ramaders, aigües residuals.

Impactes. Increment de la matèria orgànica que origina una gran proliferació d'organismes fotosintètics. Aquests organismes consumeixen una gran quantitat de l'oxigen dissolt en l'aigua i dificulten la vida de les altres espècies.

Efectes. Reducció dràstica dels nivells d'oxigen dissolt en l'aigua. Això provoca la mort de moltes espècies menys els bacteris aeròbics, responsables de l'olor fètid de l'aigua.

Activitats

23. Dividiu la classe en cinc grups i assigneu a cadascun un tipus de contaminació de l'aigua per a ampliar la informació. Redacteu un breu informe sobre la informació recopilada.

24. Algun dels impactes anteriors afecta els recursos hídrics del teu territori? Explica quin o quins, i investiga quines accions es duen a terme per a posar-hi remei.

25. Dels impactes anteriors, digues quins acostumen afectar aigües continentals i quins, aigües marines.

Àgora

En les zones més desfavorides del planeta una gran part de la població no disposa d'aigua potable, clavegueram i centres per al tractament de residus. En aquests països, les legislacions sobre temes ambientals o no existeixen o són molt laxes.

— Quines conseqüències creus que té per a la població estar envoltats de contaminants?

— Coneixes malalties que es transmetin per mitjà de l'aigua contaminada?

— Quines mesures adoptaries per a reduir la contaminació en aquests països?

— Què podem fer des de les nostres cases per a no agreujar la situació d'aquestes persones?

Classificació dels residus

- Segons el seu **origen:** urbà, industrial, miner, constructiu, hospitalari, químic, agrari, ramader, forestal, radioactiu.
- Segons la seva **perillositat:** inerts, no inerts, perillosos.

Impactes sobre el sòl

Els dos impactes principals són la contaminació i la pèrdua de sòl.

Contaminació

Contaminants. Substàncies tòxiques, metalls pesants, radioactivitat, organismes patògens, matèria orgànica...

Fonts d'emissió. Indústries, centrals nuclears, explotacions mineres, agricultura i ramaderia.

Impactes. Alteració de la composició natural del sòl que, en ocasions, pot ser molt difícil o impossible que torni al seu estat original.

Efectes. Mort per intoxicació de la vegetació, la microfauna i dels bacteris que hi habiten; filtració de les substàncies tòxiques cap als aqüífers; bioacumulació en la vegetació i la fauna de l'entorn.

Pèrdua de sòl

Causes. Erosió.

Causes antròpiques que l'agreugen. Sobreexplotació agrícola i ramadera, males pràctiques agrícoles (llaurar a favor del pendent, cultius amb poca cobertura vegetal), incendis forestals, salinització, contaminació del sòl.

Efectes. Degradació del sòl i pèrdua de la capacitat per a sustentar la vegetació. Si aquest procés no està provocat per l'activitat humana, s'anomena **desertització;** però si està agreujat per activitats antròpiques, s'anomena **desertificació.**

La generació de residus

En l'actualitat, el consum de la societat és molt elevat, la qual cosa provoca un augment dels residus que es generen.

Un **residu** és qualsevol material o substància que s'obté del procés de fabricació o utilització d'un producte, i que s'abandona perquè manca d'utilitat.

Davant aquesta situació, s'han de gestionar els residus que es generen amb un conjunt de mesures i actuacions per a evitar que ocasionin impactes en el medi natural:

- La classificació dels residus en el lloc on s'originen, gràcies a la instal·lació de contenidors de recollida selectiva i de punts nets.
- El reciclatge de paper, vidre, plàstics i metalls per a reduir el consum de primeres matèries, i evitar-ne l'esgotament d'algunes.
- La transformació de les substàncies tòxiques mitjançant tractaments físics o químics, que es duu a terme en les depuradores.
- L'emmagatzematge adequat dels residus que no es poden reciclar o cremar en abocadors controlats i dipòsits de seguretat.

Activitats

26. Investiga què significa el concepte *bioacumulació* i explica'l mitjançant un exemple. Els éssers humans, podem estar afectats per aquest procés? Per què?

27. Explica la diferència entre desertització i desertificació.

28. En què consisteix la classificació selectiva dels residus? Descriu-ne algun exemple. Dueu a terme aquest procés? En grup, valoreu els aspectes positius d'aquesta classificació.

4.1. Mesures preventives i correctores

En aquest apartat, coneixerem les mesures preventives i correctores dels impactes.

- **Mesures preventives.** S'executen abans de l'impacte amb la finalitat d'evitar o reduir els danys que puguin ocasionar. En aquest grup destaquen els estudis d'impacte ambiental.
- **Mesures correctores.** S'apliquen després de l'impacte ambiental per a pal·liar els danys ocasionats.

Impacte ambiental	Mesures preventives	Mesures correctores
Pluja àcida	• Reduir l'ús de les centrals tèrmiques. • Potenciar l'ús d'energies renovables.	• Fer un ús responsable de l'energia.
Destrucció de la capa d'ozó	• Prohibir l'ús i la fabricació dels CFC segons el Protocol de Mont-real de 1987.	• Protegir la població de la radiació ultraviolada amb cremes solars.
Efecte hivernacle	• Complir el Protocol de Kyoto de 1997 destinat a reduir les emissions de gasos d'efecte hivernacle. • Fixar impostos sobre l'emissió de carboni i el consum d'energia. • Fomentar el consum responsable d'energia.	• Reforestar boscos i selves per a reduir la concentració de diòxid de carboni atmosfèric. • Disminuir les emissions de gasos d'efecte hivernacle.
Abocaments sobre la hidrosfera	• Controlar els abocaments d'indústries i mineria, i obligar a depurar les aigües abans de retornar-les al medi.	• Restablir el medi afectat intentant neutralitzar les substàncies tòxiques o degradar-les mitjançant l'acció de microorganismes.
Escalfament de l'aigua	• En les centrals nuclears i en les centrals tèrmiques, utilitzar torres d'evaporació per a reduir la temperatura de l'aigua abans d'abocar-la al medi natural.	• Aturar o reduir la producció de les centrals energètiques si la temperatura de l'aigua del medi excedeix dels límits aptes per a la vida.
Salinització dels aqüífers	• No sobreexplotar els aqüífers.	• Reduir l'extracció d'aigua fins que es recuperi el nivell de recàrrega natural.
Abocaments de petroli	• Prohibir que circulin petroliers sense les mesures de seguretat necessàries i que aboquin al mar l'aigua que s'utilitza per a rentar els tancs de combustible.	• Actuar ràpidament després d'un abocament i contenir la marea amb barreres físiques. • Abocar microorganismes que degraden el petroli. • Recollir el cru mecànicament o de manera manual.
Eutrofització	• Dotar de suficients plantes depuradores d'aigües residuals. • Disposar d'una política d'eliminació dels purins.	• Evitar nous abocaments de matèria orgànica en la massa d'aigua afectada perquè de manera natural desaparegui l'estat eutròfic.
Contaminació del sòl	• Legislar i controlar que les explotacions ramaderes, mineres i industrials susceptibles de contaminar el sòl compleixin la normativa.	• Neutralitzar i eliminar els contaminants.
Pèrdua de sòl	• Potenciar les tècniques agràries que afavoreixen la retenció del sòl.	• Aportar matèria orgànica al sòl per a afavorir la fertilitat. • Reforestar.
Generació de residus	• Fomentar el consum responsable i el comerç de proximitat. • Evitar els embalatges excessius i les bosses de plàstic.	• Gestionar els residus: classificació, reciclatge, emmagatzematge...

CIÈNCIA AL TEU ABAST: Ecosistemes i impactes

INVESTIGA: Estudi d'un ecosistema

Material

- Guia de camp
- Bloc de notes
- Llapis
- Cinta mètrica
- Calculadora
- Lupa
- Cordill

Introducció

Ara aplicarem la tècnica de la **parcel·lació** per a estudiar un ecosistema. Aquest procediment consisteix a delimitar una zona del terreny representativa de l'ecosistema i anotar en una llista les espècies que s'hi troben; també es calcula o estima el nombre d'individus de cada espècie.

Procediment

— Selecciona un medi natural proper al centre educatiu, com un jardí, un bosc o un camp de cultiu.

— Realitza un croquis de la zona; pren les mesures necessàries amb la cinta mètrica i indica-les en el croquis.

— Confecciona una llista amb els elements més representatius del biòtop: el tipus de sòl, la presència d'aigua, el relleu, l'orientació, la intensitat de llum, la temperatura i el règim de precipitacions de la zona.

— Delimita en el terreny un quadrat representatiu de l'ecosistema d'uns 5 m de costat; utilitza un cordill, estaques o pedres per a limitar l'àrea d'estudi.

— Identifica les espècies d'arbres, els arbustos i els fongs amb l'ajuda d'una guia de camp.

— Elabora una taula d'abundància relativa de cada espècie vegetal en funció de la superfície que ocupa seguint aquest model:

Molt abundant	> 75 % del total
Abundant	50-75 % del total
Freqüent	25-50 % del total
Escassa	5-25 % del total
Molt escassa	< 5 % del total

Has de tenir en compte que, en existir diversos estrats vegetals, podem trobar diferents espècies que ocupin més del 75 % de la superfície.

— Per a estudiar la fauna, les parcel·les no acostumen a resultar útils. Per aquest motiu, per a la fauna, es poden utilitzar les tècniques següents:

- Els **transectes.** Consisteixen a efectuar un recorregut predeterminat i comptabilitzar les espècies animals que hi estan presents o els seus **senyals** (petjades, excrements, nius, mudes...).
- Els **observatoris.** Es construeix un refugi per a observar la fauna sense alterar-ne el ritme de vida. És adequat per als mamífers i les aus.

— Anota els animals que has observat i el nombre de membres, i els que has detectat que habiten en el territori per mitjà dels senyals. Utilitza la guia de camp si s'escau i descriu-ne les característiques.

Activitats

a. **Classifica els diferents organismes segons el seu nivell tròfic.**

b. **Elabora dos gràfics de barres amb les dades de cobertura dels arbustos, d'una banda, i els arbres de l'altra. Indica l'espècie predominant en l'estrat arbustiu i en el dels arbres.**

c. **Compara les espècies més abundants d'arbustos i arbres. Presenten característiques morfològiques comunes? Quines? Argumenta la resposta.**

d. **Creus que l'anàlisi de la fauna de l'ecosistema és complet? Justifica resposta.**

e. **Redacta un informe amb les conclusions dels resultats que has obtingut i les dificultats que has trobat per a desenvolupar el teu treball de camp.**

APROFUNDEIX

Plaga introduïda

L'any 1859, un granger australià va importar una dotzena de conills anglesos per a practicar la caça en la seva finca. Els conills no van trobar al territori cap depredador que els amenacés, i donada la seva gran capacitat reproductora, la població d'aquest mamífer es va disparar incontroladament. Sis anys després, en la propietat del granger, la població estimada era de 30 000 conills, dels quals diversos milers van aconseguir escapar fora del recinte barrat excavant galeries. La plaga de conills es va estendre per tot el país i es va convertir en una amenaça perquè arrasava les pastures i posava en perill la supervivència dels ramats d'ovelles i també de la fauna local.

L'any 1950 es va intentar controlar la plaga introduint individus infectats de mixomatosi, una malaltia vírica molt agressiva per a aquesta espècie. Al principi la població va minvar, però transcorreguts uns anys una part de la població de conills es va fer resistent al virus i es va tornar a establir un equilibri. També es van intentar altres mètodes, com introduir la guineu, un depredador natural del conill o l'ús d'esquers tòxics. Tots dos mètodes no són adequats perquè la guineu prefereix caçar els petits marsupials i els esquers poden ser consumits per altres animals.

a. Per què els conills van provocar una plaga a Austràlia? Quins danys va causar aquesta espècie al país?

b. Quines solucions s'han aplicat al llarg del temps per a eliminar l'espècie invasora? Creus que han estat efectives o han provocat cap altre dany a l'ecosistema? Justifica la resposta.

c. Utilitza l'exemple de l'expansió dels conills a Austràlia per a explicar com la introducció d'una nova espècie pot alterar l'equilibri d'un ecosistema.

Visió 360°: Soroll i més soroll

Són les dotze de la nit i no aconsegueixo dormir. Des que a l'edifici contigu han obert un bar musical amb terrassa exterior es fa molt difícil agafar el son pel soroll, que no s'atura fins a altes hores de la matinada. Els veïns del barri ens hem reunit per buscar una solució al problema i hem parlat amb el responsable de l'Ajuntament i amb els propietaris del bar.

— Quines mesures es poden prendre per a reduir les molèsties als veïns?

— Creus que tu també fas activitats esporàdiques o regulars que són sorolloses i poden ocasionar molèsties als veïns? Quines són? N'ets conscient?

— Quines mesures podries adoptar per a reduir el soroll?

Pots trobar informació en aquestes pàgines web:

http://links.edebe.com/g7sp **http://links.edebe.com/una**

Cre@ctivitat: Creació de pàgines web

En aquesta activitat, haureu de crear entre tots els companys i companyes de la classe una pàgina web sobre algun dels temes treballats en la unitat. Per a això, us distribuireu per parelles i el vostre professor us assignarà un ecosistema determinat o un problema mediambiental concret (pluja àcida, forat de la capa d'ozó, escalfament global...).

Per a crear la web, utilitzareu l'aplicació Google Sites en la qual, prèviament, el vostre professor o professora haurà establert l'espai de treball i us haurà convidat com els seus autors i autores. Haureu de crear una pàgina web i incloure un text amb les característiques més importants de l'ecosistema o amb la informació més rellevant del problema mediambiental que us ha correspost. A més, haureu d'incloure un parell d'imatges que tinguin una llicència que en permeti l'ús i un vídeo d'internet relacionat amb el tema que esteu treballant.

SÍNTESI

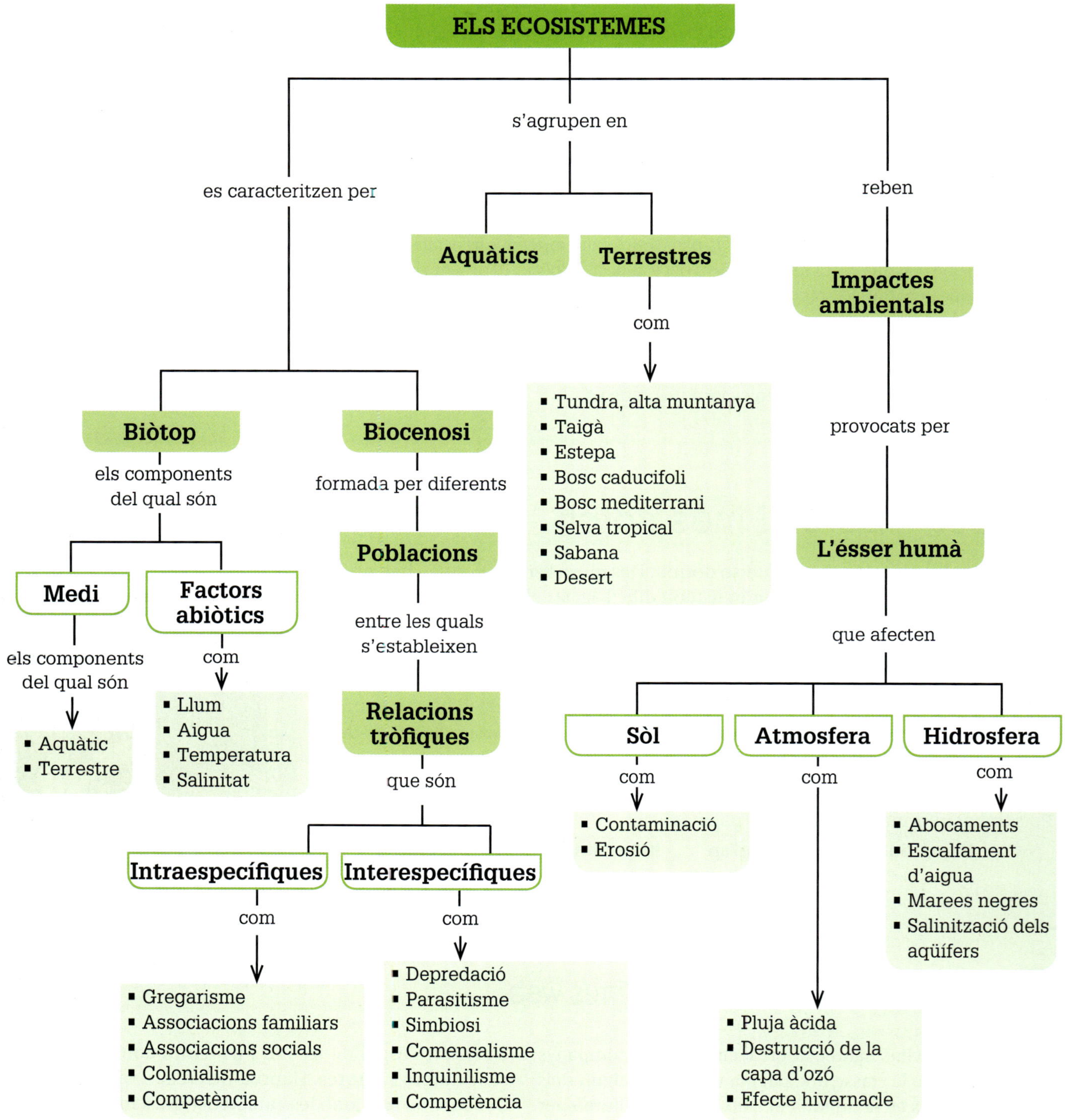

— Afegeix al mapa conceptual els diferents tipus d'ecosistemes aquàtics; descriu-ne les biocenosis característiques i els seus biòtops.

Activitats finals

29. ★☆☆ Observa aquests dos ecosistemes i descriu el medi i els factors abiòtics de cadascun dels biòtops. Anomena alguns éssers vius que poden formar part de cadascuna de les biocenosis.

30. ★★☆ Quins són els principals factors ambientals que caracteritzen el medi marí?

— Descriu les diferències quant a temperatura i lluminositat entre el medi marí i el medi terrestre.

— Creus que el medi marí és homogeni? Explica com canvien els factors abiòtics amb la profunditat.

31. ★★★ La granota és un amfibi que té un desenvolupament indirecte; el seu estadi larvari s'anomena comunament capgròs. Descriu l'hàbitat i el nínxol ecològic d'una granota en la seva etapa de capgròs i en la seva etapa adulta. Per què creus que canvia tant el seu nínxol ecològic?

32. ★☆☆ En grups, apliqueu la **tècnica cooperativa** *El joc de les paraules* a partir d'aquesta llista de conceptes:

biòtop - biocenosi - ecosistema - població
nivell tròfic productor - consumidor
descomponedor - competència

— Dels termes anteriors, seleccioneu tres o quatre conceptes clau.

— Individualment, redacta una frase amb les paraules que has triat.

— Poseu les frases en comú en cada grup, valoreu-les i redacteu una única versió consensuada.

33. ★★☆ Explica la diferència entre nínxol ecològic i hàbitat.

— Escriu el nom de l'hàbitat en el qual es poden trobar girafes, gaseles, hipopòtams i estruços.

— Busca informació sobre l'alimentació de cadascuna de les espècies anteriors i explica per què no s'estableix competència entre elles.

34. ★☆☆ Determina, en cadascun dels casos, el nom de la relació establerta entre els organismes; explica en què consisteix i si és interespecífica o intraespecífica.

- Els integrants d'un formiguer.
- Una bandada d'aus que es dirigeixen cap al nord per a passar l'estiu.
- Una família de gossos de les prades que vigilen el territori.
- Un mosquit que et pica les cames.
- Un escarabat que s'alimenta dels excrements d'un cavall.
- Un esquirol que s'ha construït un niu en la branca d'un pi.
- Dos elefants mascle que es barallen pel territori.
- Un conill que s'alimenta de fonoll.
- La relació que s'estableix entre els fongs i les arrels dels arbres.
- La relació que s'estableix entre els integrants d'un corall.

35. ★☆☆ En les diferents relacions que apareixen en l'activitat anterior, alguns organismes surten beneficiats, altres clarament perjudicats i altres ni perjudicats ni beneficiats.

Indica, per a cadascun dels exemples anteriors, si els organismes que participen en les relacions surten beneficiats, perjudicats o no els altera.

36. ★★☆ Explica el paper dels productors i dels descomponedors en l'ecosistema.

— Quin dels nivells tròfics està format per organismes autòtrofs? I per heteròtrofs?

37. ★★☆ En aquesta unitat, hem estudiat els organismes fotosintètics com a exemple d'organismes autòtrofs, però en el regne dels Moneres existeixen altres processos que permeten als bacteris obtenir energia a partir de la matèria inorgànica. Són els bacteris del sofre i els bacteris del ferro, entre d'altres.

Busca informació sobre aquests organismes autòtrofs, explica en quins medis es poden localitzar i com aconsegueixen l'aliment.

— Descriu un exemple d'ecosistema en el qual aquests organismes constitueixin el nivell dels productors.

38. ★★☆ Descriu una cadena tròfica, de com a mínim quatre integrants, que pugui tenir lloc en un bosc del teu entorn proper. Indica el nivell tròfic de cadascun d'aquests integrants.

— En grups de cinc o sis membres, uniu les cadenes que heu elaborat de manera individual i intenteu establir una xarxa tròfica. Trieu les espècies que us funcionin millor per a representar les relacions entre els diferents organismes.

Activitats finals

39. ★☆☆ Observa aquesta xarxa tròfica.

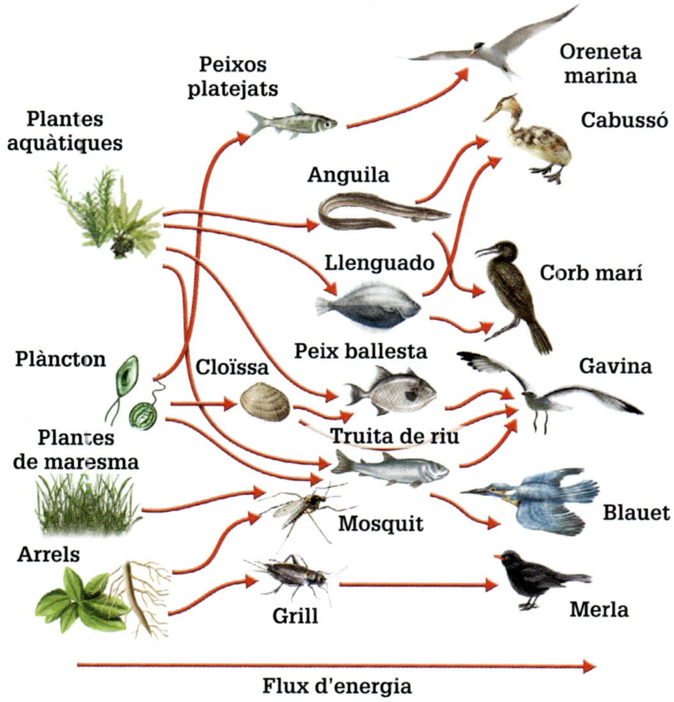

— Classifica les diferents espècies segons el nivell tròfic al qual pertanyen. Quin nivell tròfic no està representat a la xarxa? Quina és la seva funció en l'ecosistema?

— En aquesta xarxa tròfica apareix un paràsit. Quin és? Qui poden ser les seves preses?

— Quin és l'animal que té una dieta més variada? Quina espècie alimenta un nombre major d'éssers vius diferents?

— Què creus que succeiria si disminuís la quantitat de plàncton d'aquest ecosistema?

40. ★★☆ Justifica per què en la xarxa tròfica anterior es representa el pas d'energia d'un nivell a un altre de l'ecosistema amb una fletxa que s'inicia en els productors i finalitza en els consumidors.

41. ★★★ @ Dibuixa les dues piràmides de biomassa a partir de les dades de la taula següent:

	Bosc (g/m²)	Llac (g/m²)
Productors	500	10
Consumidors primaris	50	150
Consumidors secundaris	6	50
Consumidors terciaris	0,2	15

— Descriu la forma de les dues piràmides. Quin nivell tròfic és el que té un paral·lelepípede de més dimensions?

— Investiga la raó per la qual el gràfic de biomassa d'un llac té forma de piràmide invertida. Si vols, pots consultar aquest web:
http://links.edebe.com/c775

42. ★★☆ Quin ecosistema tindrà una biomassa més gran: una selva tropical o un desert? Descriu un altre exemple d'un ecosistema amb una alta biomassa i un altre amb una biomassa inferior.

43. ★☆☆ En un camp de cultiu que limita amb un bosc hi ha una considerable població de conills. També s'hi han vist algunes guineus que s'alimenten principalment de conills.
Què succeiria amb la població d'aquestes dues espècies en les situacions següents?

a) L'agricultor fumiga les males herbes amb un herbicida.
b) Els caçadors abaten la meitat de les guineus.
c) Els conills es veuen afectats per una malaltia letal.

44. ★☆☆ Quina és la diferència entre una successió primària i una secundària? Posa'n un exemple de cadascuna.

45. ★★☆ Confecciona un esquema sobre l'estructura dels ecosistemes marins i identifica les zones segons la profunditat i la distància a la costa. En quina zona o estrat de l'ecosistema marí creus que la biomassa és màxima? I mínima? Per què?

46. ★★☆ @ En el fons oceànic es localitzen nombroses fonts hidrotermals de les quals emanen aigua i altres substàncies a una elevada temperatura. En aquests punts calents s'ha desenvolupat un ecosistema que viu de manera independent de la llum solar. Investiga quin tipus d'organismes constitueixen aquest ecosistema submarí i redacta un petit informe. Pots consultar aquests webs: **http://links.edebe.com/jva** **http://links.edebe.com/22k**

47. ★★☆ Una de les tasques que exerceixen els agricultors és la d'adobar els camps de cultius. Per què aquesta pràctica és imprescindible com a tècnica agrícola? Per què no cal enriquir amb adobs els ecosistemes naturals?

48 ★☆☆ Quins biomes esperaries trobar a 1º latitud sud? I a 70º latitud nord?

49. ★★☆ @ La selva tropical és un dels ecosistemes amb més biodiversitat del món. Una de les raons per les quals pot albergar tanta diversitat d'espècies és la seva elevada estratificació vertical. Investiga el significat d'aquest terme i la seva importància en la biodiversitat d'aquest ecosistema. Pots consultar aquest enllaç:
http://links.edebe.com/gkpm

Activitats finals

50. ★☆☆ En el territori espanyol es localitzen altres ecosistemes característics com les màquies i garrigues, els aiguamolls i els cultius de secà i regadiu. Busca informació sobre ells i redacta una petita explicació del biòtop i la biocenosi que els caracteritzen i la seva localització al territori.

51. ★★☆ Formeu grups de quatre. Observeu la imatge i apliqueu la **destresa** *Les parts i el tot* amb l'ajuda de l'organitzador gràfic.

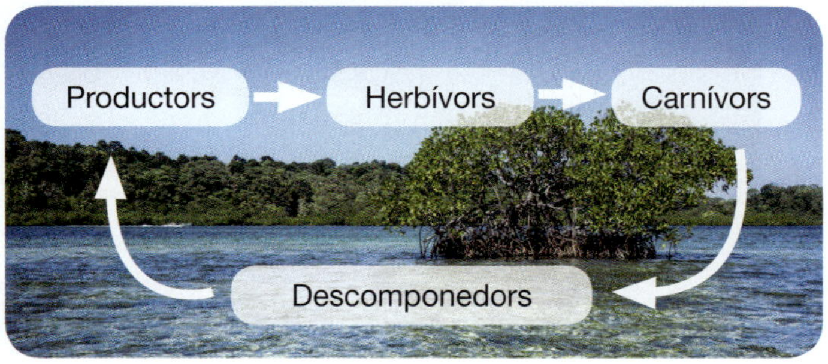

RELACIONS TRÒFIQUES

Quins nivells tròfics observes?

Què passaria si faltessin aquestes parts?

Quina funció exerceix cadascuna de les parts?

Quina és la relació de les parts amb el tot?

52. ★☆☆ Anota en una llista accions individuals que pots dur a terme a casa teva o al centre educatiu per a reduir la contaminació atmosfèrica.

— Poseu en comú les accions individuals i valoreu quantes apliqueu de manera habitual. Poseu-ne en pràctica algunes, especialment les que es puguin desenvolupar al centre educatiu.

53. ★☆☆ Resumeix els principals impactes negatius que afecten la hidrosfera i exposa la informació en forma de taula.

Descripció de l'impacte	Contaminant i fonts d'emissió	Efectes	Mesures preventives i correctores

54. ★☆☆ Dividiu la classe en grups de quatre a cinc membres. La meitat dels grups haurà de cercar arguments a favor de la construcció d'un circuit de motocròs en un paratge d'un determinat valor natural; la resta de grups buscarà arguments en contra d'aquesta activitat. Posteriorment, establiu un debat en el qual argumenteu l'opció que us ha estat assignada.

55. ★★☆ @ La incineració és una de les actuacions que es duen a terme per a eliminar els residus, però presenta alguns inconvenients. Consulta aquesta web i analitza els punts forts i els punts febles d'aquest tractament de residus: **http://links.edebe.com/yjwh**

— Quines accions preventives i correctores podem aplicar per a reduir la quantitat de residus?

56. ★★☆ @ En alguns països pobres abunden els abocadors tecnològics on es reciclen components electrònics sense cap tipus de mesures de seguretat. La pobresa extrema i les lleis laxes en matèria ecològica fomenten aquesta activitat. Llegeix l'article sobre aquest tema en aquest enllaç i visualitza el vídeo: **http://links.edebe.com/xxk http://links.edebe.com/av6s**

— Entauleu un diàleg a classe sobre les cinc idees que més us hagin impactat de la notícia. Valoreu la necessitat de dur a terme un consum sostenible de la tecnologia.

57. ★★☆ @ El canvi climàtic és una temàtica que genera controvèrsies més enllà de la ciència, especialment en els àmbits polític i econòmic. Accedeix al web i llegeix l'article que s'hi exposa: **http://links.edebe.com/tf5yey**

— Com ha evolucionat l'acceptació del canvi climàtic en la societat i en l'àmbit científic al llarg del temps?

— Què creus que intenten aconseguir els negacionistes del canvi climàtic? Quins poden ser els seus interessos?

— Quina és la teva opinió sobre la veracitat del canvi climàtic? Consideres ben argumentada l'exposició de l'article?

— En grup, valoreu la dificultat per a endegar accions adreçades a lluitar contra el canvi climàtic i, per extensió, contra la destrucció dels hàbitats naturals, quan van en contra dels interessos econòmics de les grans companyies.

Posa a prova les teves competències

1. Aquesta setmana hem sortit amb els companys i companyes de classe per visitar un entorn natural proper a la nostra localitat. Es tracta d'una zona que temps enrere estava molt degradada i en la qual fa un parell d'anys s'han recuperat la flora i la fauna natural.

1.1. Identifica els elements que en configuren el biòtop i la biocenosi.

1.2. Observa la imatge i escriu:

- Dos animals herbívors que es puguin trobar en aquest territori.
- Un animal que actuï com a superdepredador en aquest ecosistema.
- Els organismes que exerceixen el paper de descomponedors.

1.3. El professor ens ha proporcionat una xarxa tròfica que s'ajusta a l'ecosistema del riu.

- Classifica els organismes de la xarxa segons el seu nivell tròfic (productors, consumidors primaris, secundaris i terciaris).
- Què signifiquen les fletxes que apareixen en l'esquema de la xarxa tròfica?
- Com es veurien afectats els organismes del riu si un abocament d'origen agrícola matés la meitat dels organismes fotosintetitzadors?
- Fixa't en el nivell tròfic del capgròs i de la granota adulta. Per què creus que les dues formes de la mateixa espècie pertanyen a un nivell tròfic diferent?

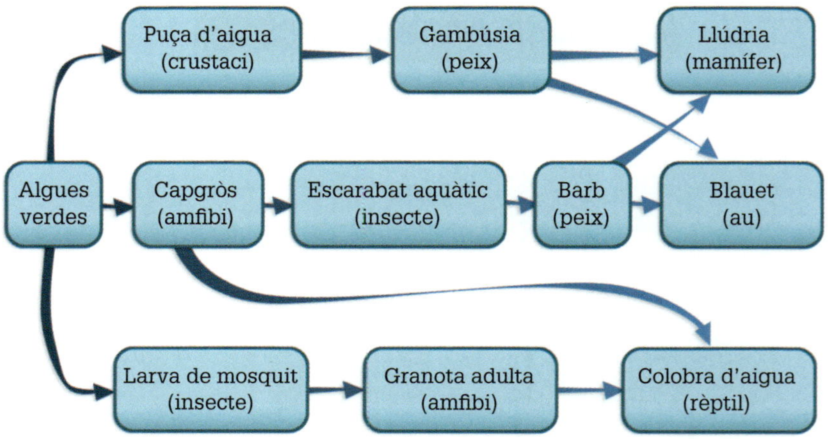

1.4. Els naturalistes que han participat en la recuperació d'aquest espai natural van estudiar com la introducció d'una espècie invasora, la perca europea, repercutia en la població de barbs.

- Quines espècies representen els gràfics A i B?
- Explica com evoluciona la població d'ambdues espècies al llarg de les setmanes que han compartit territori.
- La perca és una espècie voraç que s'alimenta d'alevins, de les postes d'altres peixos i de les larves d'insectes. Reprodueix la xarxa tròfica en el teu quadern amb la perca i assenyala tres possibles espècies de les quals s'alimenta i un depredador (la llúdria).
- Explica la relació de depredació i de competència que s'estableix entre les perques i els barbs.

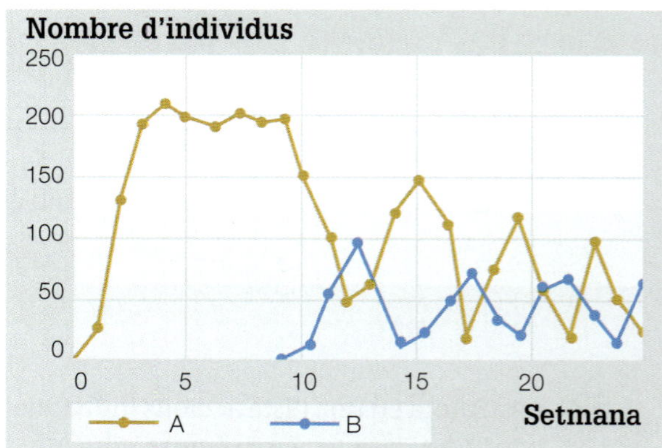

1.5. Els hotelers del territori estan contents perquè en el riu s'han localitzat perques europees i aquesta espècie pot ser un incentiu per al turisme perquè es pot pescar. Altres persones opinen que les perques han de ser eliminades del riu per a protegir les espècies autòctones. Quins arguments utilitzaries per a convèncer els hotelers que la perca, en ser una espècie invasora, no és beneficiosa per a l'ecosistema i que a la llarga repercutiria negativament en la diversitat d'espècies del riu?

2. Llegeix aquesta col·lecció de notícies sobre el canvi climàtic:

L'escalfament global pot portar Amèrica llatina a una crisi alimentària

[...] Si l'escalfament global supera els 2 °C, regions, com l'Amazones, podrien patir importants conseqüències negatives... Es reduiria la quantitat de pluja que hi hauria a la regió i disminuirà la capacitat per a produir aliment i satisfer tota la població.

Les emissions de CO_2 baten rècords i encoratgen l'escalfament global

La crisi ja no afecta les emissions de CO_2 [...] El 44 % de les emissions de CO_2, un dels principals causants de l'efecte hivernacle, provenen del carbó, el 36 % estan vinculades al petroli i el 20 % al gas natural. Les emissions anuals d'aquest gas van assolir unes 30,6 gigatones, molt prop del límit de 32 Gt que suposen un escalfament de 2 °C de la temperatura mitjana terrestre...

L'escalfament global amenaça la plataforma gelada de l'Antàrtida

Les plataformes gelades de l'Antàrtida han disminuït en gruix fins a 7 m per any de mitjana entre 2003 i 2008, segons les dades preses pel satèl·lit *ICEsat.* Aquest procés de pèrdua de gel es deu, sobretot, a l'entrada d'aigües temperades, més que a un augment de la temperatura de l'aire. Com a resultat, la plataforma gelada es fon per l'oceà i el flux de les glaceres cap al mar s'accelera.

El mar pujarà fins a 0,80 m a Espanya pel canvi climàtic

A la fi d'aquest segle, el nivell del mar en les costes espanyoles haurà augmentat entre 60 i 72 cm, una mica més de 82 cm a les Canàries. [...] El major impacte en les costes és la pujada del nivell del mar, al costat de l'augment de la temperatura de l'aigua i la seva acidificació. [...] Però els efectes d'aquest fenomen abasten tots els entorns del litoral, des de l'activitat en els ports fins al sector turístic, la intensificació dels temporals o la destrucció d'ecosistemes i l'erosió.

Els pobres, els més afectats pel canvi climàtic

Els desastres naturals relacionats amb el canvi climàtic s'acarnissen especialment amb els més pobres. En països com Haití, on el 65 % de la població és pobra, amb habitatges febles o en llocs on no existeixen les infraestructures adequades, les comunitats tenen menys recursos per a preparar-se davant l'amenaça d'huracans o tempestes i les inundacions que provoquen.

2.1. Quin és el principal gas responsable de l'escalfament global? Quines fonts energètiques alliberen aquest gas a l'atmosfera? Què tenen en comú aquests tres combustibles?

2.2. Què s'espera que succeeixi d'aquí a poques dècades si la producció de diòxid de carboni supera els 32 Gt anuals? Quines repercussions tindria aquest efecte en zones com l'Amazones o la plataforma gelada de l'Antàrtida? I en la producció d'aliments a escala mundial?

2.3. Explica quines conseqüències del canvi climàtic es preveu que afectin principalment Catalunya.

2.4. Justifica per què es preveu que els més afectats pel canvi climàtic siguin els països pobres i la població més desfavorida.

2.5. Descriu algunes accions que es poden dur a terme a nivell individual i col·lectiu per a reduir l'aportació de diòxid de carboni a l'atmosfera. Indica les que realitzes conscientment i de manera habitual o esporàdica per a reduir les emissions d'aquest gas.

Diari d'aprenentatge

Reflexiona

— Creus que és interessant saber com es relacionen els organismes que integren un ecosistema?

— En quines activitats de la teva vida quotidiana podràs aplicar el que has après sobre les mesures per a prevenir i corregir els impactes ambientals?

Avaluació de competències

CANVIS EN LA SUPERFÍCIE TERRESTRE

Observa i descriu el relleu que es mostra en cada imatge:

a. Quina de les dues imatges associaries a un relleu jove, creat fa pocs milions d'anys, i quina a un relleu vell, format fa moltíssim més temps?

erosió - sediments - transport - agents geològics
aigua - vent - gel

b. Escriu un petit text, en el qual apareguin els termes del requadre superior, per a explicar com es transforma el relleu per l'acció de l'aigua, la pluja, el gel i el vent.

— Es tracta de fenòmens geològics externs o interns? Per què?

c. Les grans serralades presents en la superfície terrestre es formen a conseqüència de forces a les quals es troben sotmeses les plaques litosfèriques quan xoquen les unes contra les altres. Anomena algunes serralades que s'hagin format d'aquesta manera (pots ajudar-te amb el mapa de les plaques litosfèriques de la pàgina 154 i un atles).

d. Se sap que el continent americà i el continent europeu se separen l'un de l'altre uns 5 cm cada any. Explica aquest procés a partir de la teoria de la tectònica de plaques.

e. Els moviments de les plaques tectòniques provoquen deformacions i fractures en les roques. En les imatges inferiors s'hi il·lustren dues falles, un plec i unes diàclasis. Identifica cadascuna i determina si són el resultat d'una deformació de les roques o d'una fractura.

DESPRENIMENTS

Imagina que llegeixes una notícia com la següent en un diari:

Un nou despreniment de pedres a la carretera B-17 va posar de nou en perill aquest dimarts la integritat física dels conductors que circulen per aquesta via. La policia local es va veure obligada a personar-se a la zona per a advertir els vehicles del perill existent. El succés es coneixia sobre les vuit del matí, i els operaris s'han encarregat de la retirada de les pedres i de la posterior neteja de la calçada. El despreniment, que va causar la caiguda de roques pesants, va dificultar la circulació pel carril proper al vessant, la qual cosa va obligar els agents policials a controlar el trànsit fins al normal restabliment de la circulació.

a. Escriu un titular que serveixi per a encapçalar la notícia.

b. En què consisteix un despreniment?

c. No tots els despreniments de roques porten associat el mateix risc per a les persones. Descriu un cas que es pugui considerar de risc elevat i un altre de menor risc.

d. El risc de despreniment està condicionat per diferents factors (geològics, climàtics i del relleu). A continuació, s'exposen diversos factors. Tria els que creguis que augmenten el risc de despreniment de materials.

— Pluges escasses / pluges abundants.

— Materials poc compactats / materials compactats.

— Pendent acusat del terreny / terreny amb poc pendent.

— Alta cobertura vegetal / poca o nul·la cobertura vegetal.

e. En els talussos de les carreteres, és habitual observar diversos sistemes per a retenir o fixar els materials i evitar els despreniments sobre la via. Enumera els sistemes que hagis vist en carreteres de la teva localitat.

ELS INCENDIS FORESTALS

Els incendis forestals són una de les principals causes de la destrucció dels boscos al nostre territori.

a. Observa la primera imatge, que representa un bosc mediterrani. Descriu les característiques climàtiques d'aquest bioma (temperatura al llarg de l'any i estacionalitat i quantitat de pluja). Digues en quines parts d'Espanya podem trobar aquest tipus de boscos.

b. Enumera, com a mínim, dues espècies que puguis trobar en boscos mediterranis que...

— ...siguin arbres perennes.

— ...formin part del sotabosc.

— ...siguin productors.

— ...siguin herbívors.

— ...siguin carnívors.

— ...siguin descomponedors.

Pots triar entre les espècies següents:

guineu - perdiu - farigola - pi blanc - surera - alzina - llebre - conill - senglar - rovellons - xampinyons - estepa
abellerol - ratolí campestre - colobra - escurçó - romaní - margalló - abella

c. Descriu una cadena tròfica a partir de les espècies que has enumerat en l'apartat anterior.

d. Observa la segona imatge. Descriu els efectes d'un incendi sobre la fauna i la flora d'un bosc.

e. En un territori assolat per un incendi, té lloc una successió ecològica, com podem veure en la tercera imatge. Això significa que diverses espècies d'animals i plantes ocupen el territori al llarg del temps, fins a recuperar l'estadi inicial. Explica, amb paraules teves, com tindrà lloc aquesta evolució.

f. Exposa algunes causes que originen incendis en els nostres boscos. Classifica aquestes causes en dues categories: les provocades per l'ésser humà i les d'origen natural.

g. Descriu algunes mesures que puguem adoptar per a evitar els incendis forestals.

Annex gràfic

Deriva continental

Les forces tectòniques de l'astenosfera van fracturar la litosfera en diferents plaques que, en desplaçar-se, van anar canviant la distribució dels continents.

1. Fa uns 1 100 Ma, a l'era precambriana, el supercontinent Rodínia es va començar a fragmentar.

2. Als inicis de l'era paleozoica, els fragments de Rodínia havien format grans continents, com Euramèrica i Gondwana. Aquests, al seu torn, es van seguir fragmentant.

3. A la fi de l'era paleozoica, al Permià, els continents van col·lisionar i van formar el supercontinent Pangea.

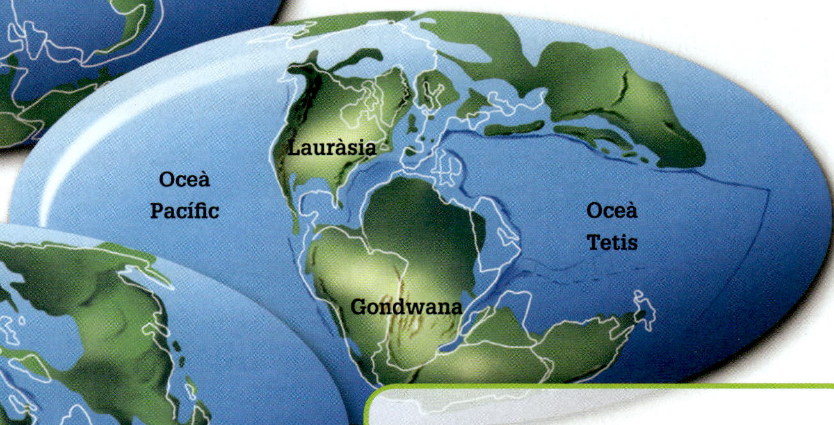

4. Al llarg de l'era mesozoica, Pangea es va anar fragmentant. El continent meridional, Gondwana, va quedar separat del grup de continents de l'hemisferi nord, Lauràsia, per l'oceà Tetis.

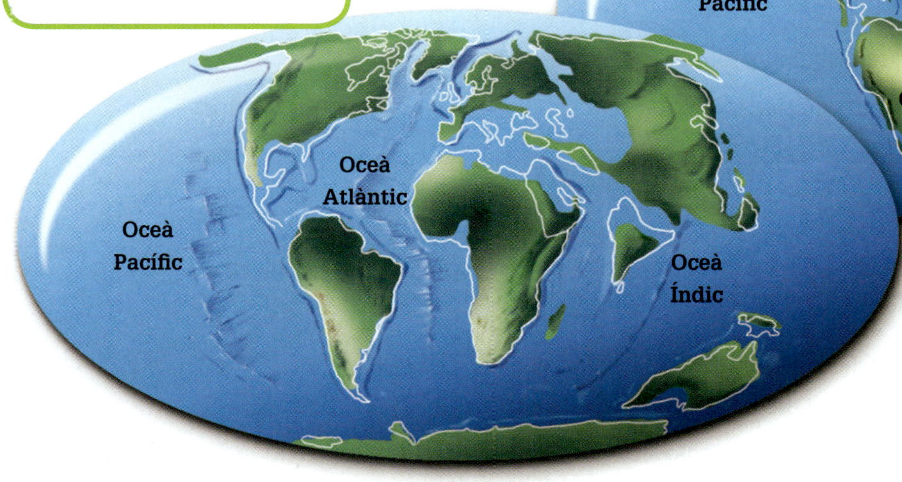

5. Durant l'era cenozoica, els fragments de Gondwana i Lauràsia es van separar fins a donar lloc als continents actuals.

Cicles biogeoquímics

La utilització dels materials en els ecosistemes és cíclica, és a dir, existeix un reciclatge continu dels elements químics que constitueixen els éssers vius. El recorregut que segueix un element químic a la natura s'anomena cicle biogeoquímic. Els més importants són el del carboni, el del nitrogen i el del fòsfor.

Cicle del carboni

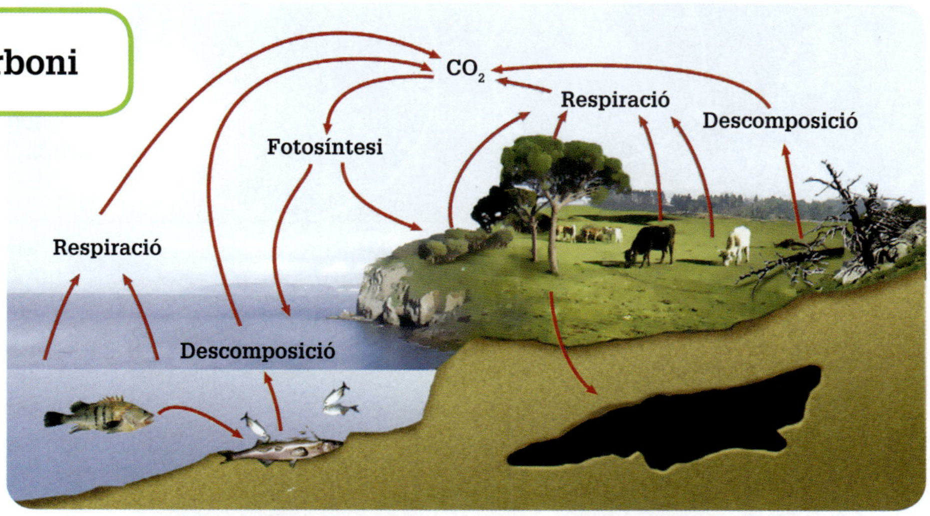

Cicle del nitrogen

Cicle del fòsfor

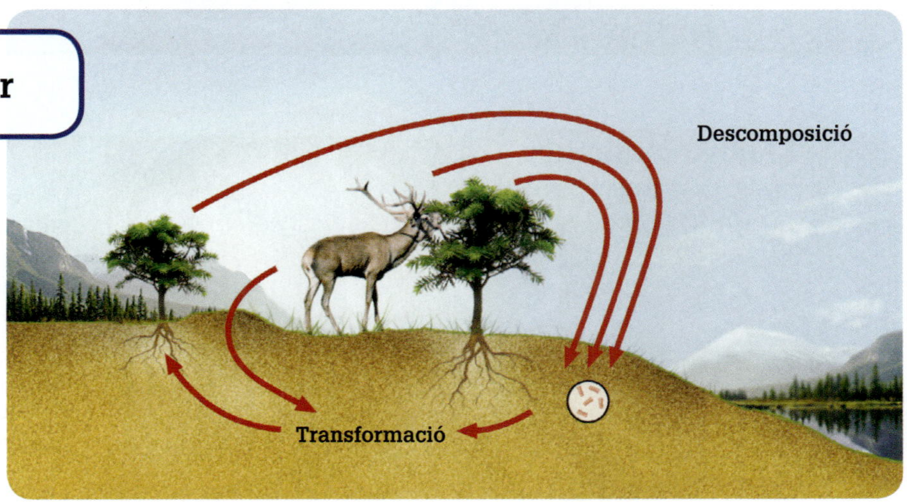

Annex gràfic

ELS BIOMES

La tundra

La tundra és el bioma de les latituds més elevades. Més enllà, només trobem el gel permanent que impedeix la vida dels vegetals.

Productors: líquens, molsa, plantes vasculars de poca alçària com la **camarina negra.**

Consumidors: insectes estivals, lèmming, **guineu àrtica, llebre àrtica.**

La taiga

És un dels biomes més extensos de la Terra, constitueix un terç de la seva superfície forestal. El formen extensos boscos de gimnospermes amb fulles preparades per a resistir el fred i la neu.

Productors: **avet,** pi boreal, bedoll.

Consumidors: duc blanc, llebre àrtica, ren, **ant,** mart, **ós bru...**

L'estepa

Està constituïda per extenses prades, formades per plantes herbàcies que es desenvolupen ràpidament coincidint amb les pluges.

Productors: principalment **gramínies.**

Consumidors: **bisó americà,** ratolí, **llop...**

El bosc caducifoli

La vegetació està dominada per arbres de fulla caduca que s'adapten, així, al fred de l'hivern. Barrejats amb aquests s'hi poden trobar espècies de coníferes. Alguns animals que l'habiten migren o hibernen durant l'estació freda.

Productors: roure, noguera, **faig,** auró...

Consumidors: **esquirol,** cérvol, gall salvatge, **gran duc,** nombroses espècies d'artròpodes...

El bosc mediterrani

És un bioma de boscos i matolls que proliferen en zones d'hiverns temperats, primaveres plujoses i estius secs. S'hi acostumen a produir incendis forestals i la vegetació hi està adaptada.

Productors: alzina, pi, **arboç,** ginesta, garric, surera...

Consumidors: esquirol, senglar, **guineu, eriçó...**

El desert

És el bioma amb la mitjana de temperatura anual més elevada, que oscil·la més entre el dia i la nit que al llarg de l'any. Les precipitacions són molt escasses. La biomassa és molt reduïda.

Productors: cactus, barrella, **palmera datilera...**

Consumidors: **serp cornuda del Sàhara,** escorpí, **jerbu,** voltor, camell...

La sabana

La temperatura oscil·la poc al llarg de l'any i les pluges es concentren a l'estació humida. El constitueixen extenses prades d'herbàcies amb agrupacions disperses d'arbres i matolls.

Productors: gramínies, **acàcia,** baobab...

Consumidors: nyu, zebra, **impala,** girafa, **lleó,** suricata...

La selva tropical

Presenta la biomassa i la diversitat més altes del planeta. Es caracteritza per tenir una densa cobertura vegetal; les copes formen estrats successius segons l'altura que constitueixen diferents comunitats.

Productors: caoba, cedre, lianes, falgueres, **jacint d'aigua,** bromèlia...

Consumidors: goril·la, **tigre, búfal aquàtic,** ratapinyades, llangardaixos, formigues podadores...

Emprenem

Ets una persona amb il·lusió, proactiva i amb ganes de millorar el món? Aleshores tens fusta d'EMPRENEDOR!

I què és un emprenedor?

Un emprenedor és algú capaç de convertir un somni, una idea, en un projecte real.

De vegades, es confon el terme emprenedor amb el d'empresari. Mentre que aquest últim és una persona que posseeix una empresa, el primer és molt més ampli. Ser emprenedor significa ser una persona que s'aixeca cada matí amb actitud positiva per a desenvolupar aspectes que millorin el món que l'envolta.

I és que ser emprenedor no és una professió, és una actitud. Depèn de nosaltres mateixos (de la nostra il·lusió, confiança i actitud positiva) i que disposem de la preparació necessària per a saber-ho dur a terme.

T'atreveixes a emprendre?

El que aprens al llarg de la teva vida acadèmica et servirà per a ser millor emprenedor. Ara et proposarem un projecte relacionat amb les ciències naturals que et permetrà desenvolupar i posar en pràctica les teves aptituds emprenedores, alhora que podràs generar un impacte positiu en la societat.

Hi ha molts emprenedors que treballen moguts per un propòsit més profund que guanyar diners: resoldre algun aspecte clau de la nostra societat o el nostre entorn.

A continuació, et proposem un projecte d'emprenedoria que té un d'aquests propòsits solidaris: fomentar el reciclatge.

I per què el reciclatge?

Cadascun de nosaltres genera una mitjana d'una tona i mitja de residus a l'any (això són 1 500 kg), però tan sols un 30 % es reciclen. I això té un gran impacte, tant per al medi ambient com per a l'economia.

Emprenem

Projecte: fomentant el reciclatge

Introducció

Per què no reciclem més? Aquesta pregunta us l'hauríeu de plantejar primerament vosaltres mateixos:

Alguna vegada heu llençat una ampolla de plàstic a les escombraries normals?

Separeu les escombraries a casa?

Llenceu cada residu en el contenidor corresponent?

I quan no sou a casa, com ho feu? I al centre acadèmic?

Doncs aquest serà el repte en aquest projecte: trobar formes de fomentar el reciclatge en el vostre dia a dia (ja sigui a casa, a la comunitat, al barri, a l'institut, o al món).

Fases:

El nostre projecte constarà de tres fases:

A. **Per on comencem? Concretem la idea**

Pensa en com vols que sigui la teva idea per a fomentar el reciclatge.

B. **Com ens organitzem? El pla**

Defineix els passos que cal seguir; què necessites; i elabora el teu pla.

C. **El posem en pràctica? Prenent decisions**

Posa en marxa la teva idea.

A Per on comencem? Concretem la idea

En aquest sentit, convindria començar per decidir *per a qui* dissenyarem la nostra acció; això és, qui volem convèncer.

Activitat 1: Qui volem convèncer?

L'elecció de *per a qui ho fem* és absolutament fonamental, ja que pot condicionar tot el projecte: a casa no es recicla igual que a la feina o a l'escola; els joves no reciclen el mateix que els adults; als pobles no es recicla igual que a les ciutats. I això és així perquè cadascun d'aquests grups té hàbits, costums i nivells d'informació diferent. Tracteu d'imaginar com afronten el reciclatge diferents grups de persones; i si sou capaços d'identificar un grup que resol aquest problema amb més dificultats que els altres, aquest pot ser un bon candidat per a convèncer.

Heu de recaptar informació sobre aquest grup de persones (què saben, els seus hàbits, els seus costums) per tal de poder dissenyar una acció que sigui efectiva.

El nostre projecte de reciclatge va dirigit a: ....

....

Però, què volem fer exactament? «Fomentar el reciclatge» és un concepte molt ampli: podem pensar des d'organitzar una campanya informativa per a un determinat grup; crear un joc per a ensenyar els nens a reciclar; dur a terme una acció determinada de reciclatge; o resoldre un problema molt concret que hem identificat.

Però abans de seleccionar una alternativa específica, cal valorar diverses idees diferents:

Activitat 2: Pluja d'idees

Una pluja d'idees és una sessió en grup, en la qual tots diuen en veu alta les seves idees i algú les anota. Totes les idees es consideren bones i no està permès criticar les aportacions dels altres. Es tracta de generar el màxim d'idees possible a fi de seleccionar després aquelles que us agraden més.

Una vegada finalitzada la pluja d'idees, haureu d'agrupar-les per conceptes o grups. Això us ajudarà a ordenar una mica els resultats obtinguts, creuar idees, seleccionar les millors i decidir quina és la idea finalista.

Projecte de reciclatge per a ajudar a: ....

....

Solucions a problemes relacionats amb el reciclatge	Accions de reciclatge	Accions per a informar / conscienciar / educar	Accions que han funcionat en altres sectors	Activitats que han tingut èxit en altres ciutats / països
...	...	...	...	...

Ara ja teniu tots els ingredients per a definir el vostre projecte:

Idea per a fomentar el reciclatge:
Per ajudar a:
Objectiu:

B Com ens organitzem? El pla

Tenir una idea és fantàstic, i amb el temps i l'esforç que li heu dedicat segur que aquesta idea serà rellevant; estarà basada en una necessitat del grup al qual voleu ajudar; els aportarà un benefici que la faci atractiva; i tindrà un propòsit (objectiu) definit concretament.

Però, perquè sigui un èxit, encara hi ha molts aspectes que caldrà concretar:

— Quins passos cal donar per a convertir-la en realitat?

— Com aconseguireu que les persones facin el que a vosaltres us agradaria que fessin?

— Com funcionarà?

— Necessitareu l'ajuda d'algú?

— Qui ha de fer què?

— Què els direu, com i quan?

Activitat 3: Funcionament del teu projecte i llista de tasques

Abans de començar, tingueu present:

— En què consistirà el projecte?
— A qui va dirigit?
— Quin objectiu o objectius cerca?

Descriviu com funcionarà el vostre projecte (com si escrivíssiu unes instruccions perquè una altra persona el pugui dur a terme sense la vostra presència). Penseu si el projecte ha de tenir diferents fases; quines tasques cal exercir; i si aquestes tasques han de tenir un determinat ordre.

Funcionament	Fases	Tasques
Com funcionarà? *Escriviu unes instruccions*	Com organitzareu el projecte? *Identifiqueu quines són les principals fases del projecte (per exemple, recerca, definició, comunicació, execució).*	Quines tasques concretes cal desenvolupar? *Prepareu una llista de tasques que caldrà dur a terme, i assegureu-vos d'ordenar-les adequadament (per exemple, si voleu confeccionar uns fullets informatius, primer els haureu de redactar, després produir-los i, finalment, repartir-los: cal programar les tasques en funció d'això).*

Una vegada tingueu escrit el funcionament del projecte, l'hàgiu ordenat en fases, i hàgiu definit i ordenat les tasques concretes que caldrà dur a terme, penseu si necessiteu ajuda.

Tant si desenvolupem el projecte de manera individual com en grup, quan emprenem una empresa necessitem ajuda. Si diverses persones treballen en alguna cosa, hem d'organitzar-nos d'una manera eficient per tal d'assegurar que es fa allò que cal fer: evitar que es dupliquin tasques, o que alguna quedi sense fer. Per això, us aconsellem dividir les tasques en funció dels coneixements de cada membre de l'equip (o persona que ens ajuda) i assignar-li una responsabilitat determinada: saber que aquesta persona en concret s'encarregarà que es dugui a terme la part assignada del projecte en el temps i la forma definits.

Activitat 4: Repartiment del treball

Tasca que cal realitzar	Responsable	Quan ha d'estar finalitzada
(Llista de tasques)	*(Membre de l'equip que la durà a terme)*	*(Quan ha d'estar acabada, especialment si es tracta d'una tasca necessària abans d'exercir-ne una altra)*

Ja estem gairebé llestos per començar.

Però perquè el projecte tingui èxit, cal assegurar-se que les persones adequades el coneixen. Penseu en el que necessiteu explicar, a qui, i quin és el millor mitjà per a transmetre el missatge (per exemple, si el projecte se circumscriu al vostre centre educatiu, el podeu explicar en cadascuna de les seves aules; penjar pòsters a la paret; repartir fullets als pares a la sortida de les classes; o penjar-lo a la web del centre. Però si el projecte té relació amb els nens i nenes, potser seria millor idea explicar-lo com si fos un conte; o si voleu convèncer nois i noies de la vostra edat, segur que faríeu servir les xarxes socials).

Penseu en com donar publicitat al projecte:

Activitat 5: Pla de comunicació

Acció	A qui va dirigida?	Què pretén?
(Activitat que cal dur a terme)	*(Persones o col·lectiu a les quals cal atreure)*	*(Objectiu: què es vol aconseguir d'aquestes persones)*
…	…	…

C Ho posem en pràctica? Prenent decisions

Si heu arribat fins a aquí, ara falta el més estimulant: convertir el projecte en realitat. Ja podeu posar en pràctica el vostre pla.

Preparats, llestos... a reciclar!

Conclusions:

— Quin ha estat el resultat obtingut amb el vostre projecte de reciclatge?

— Compareu els vostres resultats amb els obtinguts per un altre grup i comenteu-ne les diferències.

— Què heu après?

— Què us ha agradat més de l'experiència?

— Què canviaríeu si tornéssiu a repetir el projecte?

Reflexions:

- A partir d'una petita idea, podem generar un impacte molt positiu en la societat.
- De vegades, pensem que hi ha aspectes que no podem canviar, però els grans canvis s'aconsegueixen amb la suma d'un munt de petites accions: voler és poder.
- Un es pot convertir en emprenedor amb un projecte que contribueixi a millorar el seu entornt.
- Quan es treballa per a una finalitat social és fàcil trobar el suport de moltes persones i institucions disposades a ajudar.
- Per al cas concret del reciclatge, si continuem generant residus a aquesta velocitat, les futures generacions no podran gaudir del món tal com l'hem conegut.